14歳からの数学

佐治博士と数のふしぎの1週間

佐治晴夫
Saji Haruo

春秋社

14 歳からの数学

目　　次

目次

はじめに──数学って何だろう？　3

第1章　数の世界──月曜日　11

1-1　数とは何だろう　13

◆………フェルマータ・その1　数えるということ　19

1-2　数直線で考える　21

1-3　加減乗除の順番にも"きまり"がある　27

月曜日のまとめ　32

第2章　数学の考え方・論理と証明──火曜日　35

2-1　すじみちをたてて考える　37

◆………フェルマータ・その2　「平行線」の不思議　43

2-2　論理と推論　53

◆………フェルマータ・その3　オイラーの記法　59

2-3　必要条件と十分条件　63

火曜日のまとめ　70

第3章　一次方程式──水曜日　73

3-1　方程式って何だろう？　75

3-2　比例と一次方程式　80

◆………フェルマータ・その4　日常の中の一次方程式　87

3-3　連立一次方程式　95

水曜日のまとめ　99

ii

目次

第4章 二次方程式——木曜日　101

4-1 落ちることの美しさ　103

4-2 平方根と無理数　109

◆………フェルマータ・その5 $\sqrt{2}$ のひみつを探る　114

4-3 二次方程式を解いてみよう　117

木曜日のまとめ　123

第5章 三平方の定理——金曜日　127

5-1 ピタゴラスの定理　129

5-2 円周率(π)の不思議　135

◆………フェルマータ・その6 正十二角形の外周の長さ　141

5-3 おくれる時間——特殊相対性理論を垣間見る　143

金曜日のまとめ　148

第6章 でたらめの数学——土曜日　151

6-1 「でたらめ」という名の規則　153

◆………フェルマータ・その7 円周率と乱数　160

6-2 確率を考える　163

6-3 でたらめ歩きの数学　169

◆………フェルマータ・その8
コーヒーカップになぜスプーンが添えられるのか　175

土曜日のまとめ　178

iii

目次

第7章 有限の中の無限・無限の中の有限
——日曜日　181

- 7-1　ゆらぎとフラクタル　183
- ◆………フェルマータ・その9 1/fゆらぎをつくってみよう　190
- 7-2　アキレスとカメのパラドックス　192
- 7-3　有限と無限のはざまで　197
- ◆………フェルマータ・その10 こまかく分けて、再び集める　203

1週間の授業をふりかえって　207

おわりに　211
さらに学びたい人のための参考書　213

特に撮影者が明記されていない
本書中の写真はすべて著者提供

iv

14 歳 か ら の 数 学

──佐治博士と数のふしぎの1週間

サクランボから音が生まれる

はじめに ——数学って何だろう？

　数学っていうと、みなさんは、どういう印象をおもちでしょうか。むずしい数式をならべて、それを解いていくことだけが、数学の目的ではありません。数学は、"もし、こうだったら"というひとつの仮定をたてて、それが成り立つとしたら、つぎに何が起こるのかということを、きちんとすじみちをたてて考えていく学問です。たとえていうなら、音楽で、まず最初に主題となるテーマの楽節があって、それが姿を変えながら展開し、再び、もとの形に戻って終わるというあの「ソナタ形式」にも、似ています。あるいは、俳句や詩歌、小説のような文学作品が、ひとつの書き出しから情景やできごとが、展開していく、言葉をかえれば起承転結という形式でつくられているように、数学の証明も、ひとつの仮定から出発して、正しい考え方をすすめながら、つぎつぎに展開し、結論がでたところで、あらためて、それがほんとうに正しいかどうか吟味するというみちすじをとります。私たちの日常生活の出来事のなかにも、原因があり、その結果があります。少しでも、数学の知識があれば、なにかの出来事にぶつかったとき、どう対処したらいいのか、その方法が見つかるかも知れません。それが数学です。

3

ところで、私は、物理学の研究で、半世紀をはるかに超える日々をおくってきた一研究者にすぎませんが、1日たりとも、数学のお世話にならなかった日はありません。数学こそ、自然界のことや宇宙を語るための世界共通の言葉だからです。ですから私は、純粋の数学者とは、また違った立場で、数学のありがたさ、面白さを感じてきたといえるかもしれません。この本は、中学で学ぶ範囲の数学をテーマにして、ときおり、少しだけ背伸びして、数学という庭園を、みなさんといっしょに散歩しながら、数学の面白さ、美しさの一部をご案内できたらいいなという思いで書かれたものです。月曜日から日曜日まで、1週間の数学散歩です。

　そこで、まず、1年365日、毎回、朝がきて夕になるという周期性から何が見えてくるのかを考えることによって、数学の考え方の一部をおさらいすることからはじめてみたいと思います。

　……世は去り、世はきたる。しかし地は永遠に変わらない。日はいで、日は没し、その出た所に急ぎ行く。（旧約聖書「伝道の書」第1章4-5節・口語訳）

　毎日なにげなく繰り返されている太陽の動きも、注意深く

眺めると、日の出、日の入りの時刻や、その方角、また高度などが変わります。でも、太陽が、ある日、真南にきた（南中といいます）時刻から、その翌日の南中までの時間は、1年を通じて変わりません。そこから天文学的「1日」の長さが決められました。時間の単位ですね。その長さの

$$\frac{1}{60 \times 60 \times 24} = \frac{1}{86400}$$ を1秒として決めたので、1秒そのも

のが、まず、時間の単位として先に決められたのではありません。この日の出、日の入りが、365回くりかえされると、ほとんど、元の状態に戻ります。このことから、いったい何が見えてくるのでしょうか。地球の周りを太陽が回っているのか、それとも、太陽の周りを地球が回っているのか、どちらが正しいのか、ということです。

　その一方で、夜空を見上げると、そこにはたくさんの星が見えますが、その星たちの位置関係、つまり星座の形はいつ見ても変わりません。なぜでしょうか。おそらく、それらの星たちは、地球から、とても遠いところにあるからでしょう。走っている列車の窓から外の景色を眺めると、近くの景色ほど、列車の進行方向とは逆の方に、速く動いていきますが、遠くの山並みの景色はゆっくりと動いています。列車が直進している限り、太陽や月の見える位置は変わりません。しかし、太陽の場合と違って、同じ星が南中する時刻は、毎日、4分ずつ早まっています。そして1年365日たつと、また元

数学って何だろう？

の位置に戻ります。なぜでしょうか。この事実について、しっかりと筋道をたてて考えてみると、何が見えてくると思いますか。

　まず、太陽の動きですが、南中から次の南中までの時間が一定であるにもかかわらず、日の出、日の入りの時刻や高度が変化するということから、地球を中心にして太陽が動いていると考える（天動説）よりも、地球が太陽に対して動いていると考える（地動説）方が、考え方が複雑にならないような気もしますね。そこで、地球は、太陽に対して、24時間周期で元に戻るように回転（自転）していると考えましょう。

　さて、星の位置が、毎夜、4分ずつ早くなるということは、地球と太陽との位置関係と、地球と星との位置関係が同じではないことを意味しています。星に対しては、23時間56分（＝ 1436分）周期で360度、回転していると考えることにしましょう。すると、4分で地球が自転する角度は、360度×$\frac{4}{1436}$≈1度になります（「≈」は「ほぼ同じ」という意味の記号です。「≒」と書かれることも多いようです）。

　つまり、太陽に対しての位置が同じになるためには、1日に1度だけ、太陽に対する角度が余分に進まなければなりません。つまり、太陽の南中から南中まで、すなわち地球に

とっての1日の時間とは、地球が太陽のまわりを361度、自転する時間のことになります。

となると、地球の太陽に対する位置関係が、1年365日でもとに戻ることと、1日に1度ずつ太陽に対する角度が変わるということから、地球は自転しながら太陽の周りを1年365日かけて公転している姿が浮かび上がってきます（図1）。

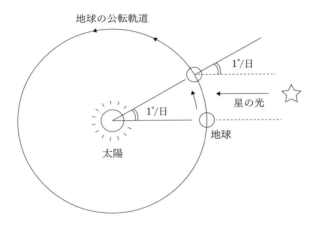

図1　星の南中時刻は毎日4分ずつ早くなる

それに加えて、太陽の南中高度が毎日変わり、最大のときと最小のときが半年ごとに起こり、その差が46.8度であることから、地球の自転軸（地軸）が地球の公転面に対しておよそ23.4度、傾いていることが推測されます（図2）。

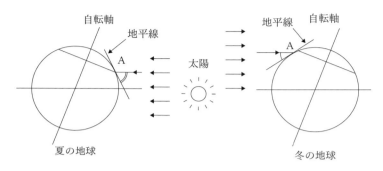

図2 夏の太陽の南中高度は高く、冬は低い

A地点で見る夏の太陽の高度は、冬と比較して、46.8度だけ大きくなり、太陽から受ける地上単位面積当たりのエネルギーは、冬より大きくなることがわかります。太陽からやってくる光の量を図3のように平行線でしめせば、太陽の高度が高いほど、たくさんのエネルギーが地面に降り注ぐことがわかるでしょう。それとは逆に、夜見る月は、A′地点から見ることになりますから、冬の月の高度は高く、夏の月の高度は低いということになります。同じ地点からみる冬の太陽と月の高度は逆になります（図4）。

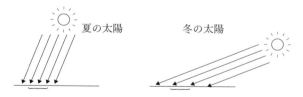

図3 単位面積にふりそそぐ太陽光のエネルギーは夏と冬の太陽の南中高度によってかわる

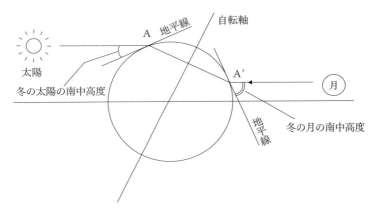

図4 夏の太陽の高度は月より高く、冬は逆になる

　月に対しても、同じように考えることができます。月の満ち欠けの周期は29.53日ですが、これを月が29.53日かけて地球のまわりを回っている（公転）とすれば、月は、1日に、地球のまわりを、およそ12度（≒360度÷29.53）動いていることになります。この場合、地球の地平線は、毎日、12度余分に回転しないかぎり月は出てきません。地球は24時間で361度自転するのですから、12度まわるには、24時間÷$\frac{12}{361}$≒0.8時間（およそ50分）かかります。毎日の月の出は、およそ50分おくれることの理由です（図5）。

数学って何だろう？

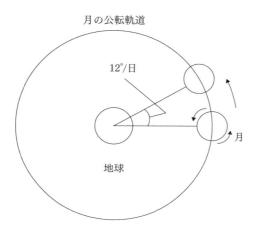

図5　地球から見える月の位置は前日より12°さらにまわらなければ同じにはならない

　みなさん、いかがですか。地球が自転しながら太陽の周りを1年かけて公転している姿が浮かび上がってきますね。このように、日常の中での太陽や月、星などの動きを調べると、地球の自転や太陽のまわりの公転、さらには地球のまわりの月の公転などが目に見えるようになります。身近な出来事や現象を単純化して、ひとつひとつ論理を重ねながら考えることで、目に見えない、自然や宇宙のからくりが見えてくるということですね。その考え方の基礎になるのが数学です。

第 **1** 章
数の世界
——月曜日

1-1 数とは何だろう

　数って何でしょうか。すぐに思い浮かぶのは、ものの多さ
を数えたり、ものの順番を数えたりするときに使う 1、2、3、
……という数ですね。これを自然数といいます。しかし、数
そのものの姿は、どこを探しても見えません。あるとすれば、
私たちの頭の中です。しかし、その働きには 2 つあって、
ひとつは、1 人とか、3 個というように、ものの数を数える
働きで「基数」といいます。もうひとつは、順序を示す働き
で「序数」といいます。1 番目、2 番目という意味ですね。
数は「基数」や「序数」になってはじめて姿を表します。つ
いでに、日本語では、個とか番目というような数詞で区別し
ますが、たとえば、ヨーロッパの言語、英語で言えば、基数
は、ワン（one）、ツー（two）、スリー（three）のように、序
数は、ファースト（first あるいは 1st）、セカンド（second あ
るいは 2nd）、サード（third あるいは 3rd）などのような書き
方をすることを覚えておきましょう。

　さて、自然数は、1、2、3、……のように、限りなく続き
ますが、一番大きな自然数はあるのでしょうか。おたがいに
大きい数を言い合うゲームをしている子どもたちを見かける

月曜日

ことがありますが、このゲームは、後手が必ず勝つのが特徴です。一人が1兆といえば、相手は1兆1000億といい、すると、今度は1兆の1兆倍のそのまた1兆倍などといいます。きりがありません。相手が言った数字に1を加えた数字で言い返すことができるからです。とすると、自然数に最大数があるのでしょうか。

いま、自然数に最大数があったとして、それを M で表しましょう。すると、その M に1を加えた数 $M+1$ は、M より大きいはずです。大きいことを "$>$" で表わすことにすれば、

$$M + 1 > M \qquad \qquad \cdots\cdots ①$$

しかし、M が最大数であるとしたのですから、$M+1$ は M よりも小さくなければなりません。

$$M > M + 1 \qquad \qquad \cdots\cdots ②$$

そこで、②と①をひとまとめにすると、

$$M > M + 1 > M \qquad \qquad \cdots\cdots ③$$

よって、

$$M > M \qquad \qquad \cdots\cdots ④$$

"M は M より大きい！" これは明らかに間違いですね。こ

14

の考え方の誤りは、最大数 M が存在すると仮定したことにあります。自然数には、最大数 M は存在しないのです。このように、ある事柄を証明するのに、その事柄が正しくないと仮定して矛盾を導くことで行う証明法を「背理法」と呼んでいます。

ここで、ひとつの例として、「背理法」を使って「三角形の三つの内角のうち、少なくとも一つは 60°以上である」ことを証明してみましょう。

証明

三角形の内角がすべて 60°未満であるとします。このとき、三つの内角の和は 180°未満になりますが、三角形の内角の和は必ず 180°です。よって矛盾が生じ、「三角形の三つの内角のうち、少なくとも一つは 60°以上である」ことが証明できますね。

このように、自然数は、どこまでいっても限りがなく、無限大にまで広がっています。このことをきちんと証明して整数の世界をひとつの数学の体系（整数論）としてまとめたのが、イタリアの数学者ペアノ（Peano, 1858-1932）でした。

さて、自然数は、見えるものの数を数えるものですから、なにもない、という 0 は含みません。となると、0 は必要ないのでしょうか。そんなことはありません。何もない、という状況を 0 で表し、たとえば、金魚すくいをしていて、網

月曜日

がやぶれてすくえなかったとき、「0匹すくった」と考えたらどうでしょう。2匹の金魚のうち1匹すくえば、残りは1匹、2－1＝1ですから、最後の1匹をすくったら、残りはありません。1－1＝？　これを0だとしたらどうでしょう。そこで、ものを数える数の中に0もいれることにします。

　　0, 1, 2, 3, ……

しかし、金魚をほしい人がほかにたくさんいて、1匹たりない、2匹たりないという状況が起こったとき、その数字に"－"（マイナスまたは"負"記号）をつけて、－1、－2、……と書いていったらどうでしょうか。

　　…… －3, －2, －1, 0, 1, 2, 3, ……

これらの数を整数といいます。0より大きくなっていく方を正（プラス）の整数、その反対の方向に広がっていく（小さくなっていく）方を負（マイナス）の整数と呼びます。0は、その基準になる数だということになります。この「何もない」という0の意味がはっきりするのは10以上の数をかぞえるときの位取りです。1の位として1から順番に10までの箱を用意して、その中に一本ずつ棒をいれていくことにします。それらがすべて埋まってしまったとき、その棒をひとまとめにして束にしたものを、10の位として並べられた箱に移し変えます。すると、10の位の箱はひとつ埋まって、10個の1の位の箱は空いた状態になります。この空箱の存

16

在が 0 の意味で、そのことが、10 の位の存在を支えている
わけです。10 進法における「0」の意味です。

　このようにある数のあとに 0 をつけるだけで、10 倍にな
り、もうひとつ 0 をつけると 100 倍になるというように、
なにもない "0" には不思議な力があるのですね。

　でも、それだけではありません。この 0 には、さらに不
思議な性質があります。
ある区間をある速さで走ったとき、走る速さと走った距離と
の関係は、

　　距離＝速さ×時間

　この場合、速さが 0 であっても（動いていない）、時間が 0
であっても、動く距離は 0 です。0 をかければ 0 だというこ
とですね。その一方で、

　　時間＝距離÷速さ

ですが、ここで、速さが 0 だとすると、それは走っていな
いということですから、その距離を行くのに、何時間かかり
ますか、といわれても答えようがありません。しいていえば、
無限大の時間がかかるということになります。どんな数も 0
では割れないということです。まとめると、

　**どんな数であっても 0 をかけると 0 になり、どんな数で
も 0 でわることはできない。**

月曜日

☆　p.83 にくわしい説明があります。
☆☆　これは、中学・高校での数学の基本となる数論という分野での話で、集合論や論理学などでは自然数に 0 を含めるという考え方もあります。

フェルマータ・その1
数えるということ

(1)　ところで、私たちは、目の前にいくつかのものが転が
っているとき、ひとつひとつ数えなくてもその個数を一瞬の
うちに直感的に理解できる最大数は3だといわれています。
それ以上の数になると、1、2、3、4、5、……と数えなけれ
ばわかりません。不思議ですね。今でも、アフリカの奥地に
行くと、彼らの数の概念は3までで、1、2、3、それ以上は
"たくさん"と数える人たちがいるそうです。

　その理由については、よくわかっていませんが、こんな考
え方はどうでしょうか。あなたは、この世界に出てくる前、
ずっとお母さんのおなかの中にいました。そのとき、あなた
はお母さんのおへその緒につながっていましたから、お母さ
んとの区別はなく、すべてがひとつの存在でした。やがて、
おなかから出てきたとき、あなたはお母さんとは別の"もう
ひとつの存在"になりました。あなたにお乳をあたえてくれ
る別のもうひとつの存在です。これがひとつとふたつの違い
です。つまり、最初に1があって、それとは別の2の世界
に出てきたのです。やがて、お父さんや他の人たちに出会い
ます。この新しい出会いが3です。つまり、1、2、3という
数の概念は、そのようにして、私たちのDNAの中に刷り込

月曜日

まれているのかもしれませんね。

(2)　私たちがものを数えるとき、一番無理なく確実に数えられる数は、1から10までです。それは、おそらく、私たちの両手の指が10本あるからでしょう。10を超えると、数えることに意識を集中しなければ間違えてしまいます。

　私たちの生活のなかで、瞑想は、心を落ち着かせるのに、とても有効だといわれています。お寺で行う坐禅もそのひとつです。その場合の呼吸も、ゆっくり吸って吐くというひとつの動作を"ひとつ"として「ひとーつ」と数えます。つぎが、同じように「ふたーつ」です。このように数えて10回でとめます。11、12、……と続けないのは、そのように続けようとすると、気持ちが、呼吸を数えることに集中してしまって、瞑想に入れないからです。それを「数息法」などといいます。10をひとつのかたまりとして考えることがあるというのは、10進法が、広く使われる理由のひとつなのかもしれませんね。

1-2 数直線で考える

　つぎに、数の性質を見やすくするために、1本の直線の上に、0を基点として、右側に正の整数の目盛りを、左側に負の整数の目もりをつけていきましょう。これを数直線といいます（図6）。

図6

　さて、この数直線の上では、任意の数（勝手にとった数を任意の数といいます）に正の数を足すことは、その数の大きさ（正・負の記号をつけない正味の大きさで"絶対値"といい、記号では、その数を2本の縦線ではさむことであらわします。たとえば、＋3であっても－3であっても、その絶対値｜3｜の大きさは3です）のぶんだけ、任意の数を起点として、数直線の右の方に移動することであり、正の数を引くことは、左のほうに、その数の絶対値の大きさだけ移動するということです。足される数、引かれる数が負の場合は、移動する方向が逆になります。

月曜日

　たとえば、2＋3 は、数直線上の2を起点として、3つぶん右に移動して5、4－2は、数直線上の4を起点として、2つぶん左に移動して2、－3＋2は、数直線上の－3を起点として、2つぶん右へ移動して－1、－1＋（－2）は、数直線上の－1を起点として、2つぶん左に移動して－3、－5－（－2）は、数直線上、－5を起点として、2つぶん右の方に移動、－3になります。これが、正の数、負の数の足し算、引き算のきまりです。

　つぎに、数直線の代わりに、起点0からたがいに正の方向（たとえば東）、負の方向（たとえば西）に伸びている道路を考えます。起点0から東に200kmの地点にA、西に200kmの地点にBがあるとします（図7）。

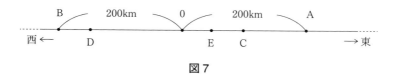

図7

　数直線にならって考えれば、A地点は（＋）200km、B地点は、－200kmにあるということです。ここで、通常、正の数の場合は、＋記号を省略してもかまいません。

　つぎに、その区間を時速50km（50km/h）の速度で走る自動車を考えます。その場合、走る方向にも＋、－をつけて、

東から西へ向かう方向に走っているときの速度を－50km/h、西から東に向かう方向を＋50km/h であるときめます。さらに、時刻についても、基準となる現在を0時、それから1時間後の未来を＋1時間、1時間前の過去を－1時間だとします（ここで、時間のことをh で表すことにします）。

　そこで、西から東に向かって、時速50km、つまり＋50km/h で走っている自動車が、今、時刻0h にO点を通過したとします。2時間後の位置をC点だとすれば、距離＝速度×時間　の関係から、C点は、

　　＋50km/h ×（＋2h）＝＋100km

同様に、3時間前（－3h）の位置Dは、O点からマイナス方向に150km の地点ですが、ここで、プラス×マイナスがマイナスになると決めておけば、

　　＋50km/h ×（－3h）＝－150km

になります。

　今度は、東から西に向かって時速50km、つまり－50km/h で走る自動車を考えます。O点を通過する1時間前（－1h）の位置Eは、ここで、**マイナス×マイナスがプラスになると決めておけば**、

　　－50km/h ×（－1h）＝＋50km

のように計算できます。つまり、正の数と負の数の掛け算には、次のような符号の法則をきめておくと、計算の結果が目に見えて、とても便利です。

$$(+) \times (+) \rightarrow (+)$$
$$(-) \times (-) \rightarrow (+)$$
$$(+) \times (-) \rightarrow (-)$$
$$(-) \times (+) \rightarrow (-)$$

割り算の場合も同じです。

　数字はもちろんのこと、プラスもマイナスも目には見えませんが、頭のなかにイメージとして描いていれば、ものごとを考えるのに役立つということです。つまり、数学の世界そのものは、目に見えませんが、頭のなかで、筋道がとおりさえすれば、自由に考えを展開させて、現実の問題が、手際よく解けるというところが妙味なのです。

　そういえば、私がかつて教えていた東京の大学で、授業が終わった後、1人の女子学生が、興奮気味に、こんなことを言ってきたことがあります。"「いいこと」を＋、「わるいこと」を－、「する」ことを＋、「しない」ことを－だときめておけば、「わるいことをしない」は、$(-) \times (-) = (+)$なので、「いいこと」になりますね"。つまり、否定の否定は肯

定だということです。すばらしい発想です。

　では、肯定の肯定はどうなるのでしょうか。ここで、肯定（YES）をY、否定（NO）をNで表しましょう。まず、肯定の否定は、否定です。「学校に行く」の否定は「学校に行かない」ですね。その逆の否定の肯定も否定です。「学校に行かない」の肯定は、やはり「学校に行かない」です。では否定の否定は、「学校に行かない」の否定ですから「学校に行く」で肯定になるということですね。これを式で書けば、

$$Y \times N = N$$
$$N \times Y = N$$
$$N \times N = Y$$

になります。そこで、否定の否定が肯定（$N \times N = Y$）ならば、肯定の肯定は否定（$Y \times Y = N$）になってもよさそうです。しかし、現実的には肯定です。「学校に行く」ことをそのまま肯定するのですから、「学校に行く」ということです。どうしてでしょうか。

　背理法で証明してみましょう。まず、$Y \times Y = N$ であったとします。すると、

$$Y \times Y \times N$$
$$= (Y \times Y) \times N$$
$$= N \times N$$

月曜日

$$= Y$$

あるいは

$$Y \times Y \times N$$
$$= Y \times (Y \times N)$$
$$= Y \times N$$
$$= N$$

となって、Y または N という2通りの答えがでてしまいます。これは矛盾です。したがって、最初の仮定、$Y \times Y =$ N は間違いとなり、肯定の肯定は肯定だということになります。記号で書けば、

$$Y \times Y = Y$$

となります。

☆　この証明には乗法の「結合法則」が使われており、p.29 に説明があります。

第 1 章　数の世界

1-3　加減乗除の順番にも "きまり" がある

　みなさんは、"リンゴが 3 個と本が 2 冊あります。みんな合わせて何個ありますか？" と聞かれたらなんと答えますか？　もちろん、足し算はできませんね。3 個、2 冊、それぞれ単位が違っています。足し算、引き算には、同じ種類のもの、あるいは同じ単位を持つ場合に限って計算することができるというきまりがあります。となると、足し算（加法）、引き算（減法）、掛け算（乗法）、割り算（除法）を含む計算では、まず、掛け算（乗法）、割り算（除法）を優先しなければならないことがわかります。たとえば、

　　　$100 \times 3 + 200 \times 2$

の場合は、掛け算を優先して、

　　　$(100 \times 3) + (200 \times 2) = 300 + 400 = 700$

が正解になります。この理由は、単位をいれたかたちで考えるとすぐに理解できます。たとえば、1 個 100 円のリンゴを 3 個と 1 個 200 円のグレープフルーツを 2 個買ったときの合計は、単位をいれて考えれば、

27

月曜日

100（円／個）× 3（個）＋ 200（円／個）× 2 個

＝ 300（円）＋ 400（円）

＝ 700（円）

になります。3 個と 200 円／個は、単位が違うので、計算できないということですね。掛け算を優先することで、分子と分母にある（個）という単位も計算のなかで消えて、答えが正しく（円）になっていることに注意しましょう。この場合、足し算を先にしてしまうと大変なことになります。式の計算は、通常、左から順番にすることになっていますから、

$100 \times 3 + 200 \times 2$

$= 300 + 200 \times 2$

$= 500 \times 2$

$= 1000$

のようになってしまいます。ただ、足し算（加法）を優先しなければならないときには、その部分を（ ）でくくります。

$100 \times (3 + 200) \times 2$

$= 100 \times 203 \times 2$

$= 40600$

第1章　数の世界

　ひとつながりの式の中に割り算（除法）が入っている場合も同様です。式の計算は、通常、左から行うのが原則ですから、

$$100 \times 3 \div 5 + 200 \div 5$$
$$= (100 \times 3) \div 5 + (200 \div 5)$$
$$= 300 \div 5 + 40$$
$$= 60 + 40$$
$$= 100$$

になります。

　ここで、足し算、引き算、掛け算、割り算のことを四則計算などといいますが、この計算には、いくつかの規則があります。
　まず、$3 \times 2 = 2 \times 3$ のように、

$$\square \times \triangle = \triangle \times \square$$

が成り立つとするものです。これを掛け算（乗法）の「交換法則」といいます。

$$(\square \times \triangle) \times \bigcirc = \square \times (\triangle \times \bigcirc)$$

も成り立ちます。これを乗法の「結合法則」といいます。
　さらに、割り算については、△を0以外の任意の数とす

29

るとき、

$$□ ÷ △ = □ × \frac{1}{△}$$

のように掛け算として考えます。この場合、1／△を、△の「逆数」といい、△と掛け合わせると1になる性質があります。

　さらに、□、△、○を任意の数とするとき、

$$□ × (△ + ○) = □ × △ + □ × ○$$

が成り立ち、これを「分配法則」といいます。これは、たての長さが□で、よこの長さが△＋○であるような長方形の面積が、たての長さが□で、よこの長さが、それぞれ△と○の長方形の和であることからも、わかりますね（図8）。

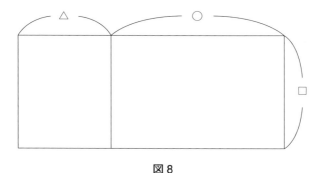

図8

　ここで、□や○に相当する数に a、b、c などの文字をあてはめれば、文字式になります。

第 1 章　数の世界

　また、たとえば、時速 v で走る自動車が t 時間、走ったときの距離を S とすれば、

　　$S = v \times t$

ですが、この場合、×を省略して、$S = vt$ と書く場合もあります。

　さらに、さきほどの分配法則を文字で書けば、

　　$a \times (b + c) = a \times b + a \times c$

になります。そのほか、4 つの文字に関しては、

　　$(a + b) \times (c + d)$
　　$= (a + b) \times c + (a + b) \times d$
　　$= ac + bc + ad + bd$

になります。

月曜日

月 曜 日 の ま と め

(1) ものを数えるときに使う数を自然数といいます。

　　1, 2, 3, 4, ……

(2) 自然数の最小数は 1、最大数はありません。

(3) 0 を含めて、その両側に広がる正の数、負の数の全体、

　　……− 3, − 2, − 1, 0, (+)1, (+)2, (+)3, ……

　　を、整数といいます。

(4) どんな数であっても、0 をかけると 0 になります。0 でわることはできません。

(5) 数の計算には、足し算（加法）、引き算（減法）、掛け算（乗法）、割り算（除法）の四つがあり、これがすべてです。

(6) 掛け算した結果の符号は、

　　(+) × (+)、(−) × (−) は (+)
　　(+) × (−)、(−) × (+) は (−)

　割り算（除法）の場合も同様です。

第 1 章　数の世界

(7)　加法、減法、乗法、除法を含む計算では、乗法、除法
　　を優先して計算します。

　　そのほか、ちょっと難しい表現になりますが、つぎ
　のような規則があります。
　　任意の数を、a、b であらわしたとき、

① $a + b = b + a$ 　　　　　　　　　　（加法の交換法則）

② $(a + b) + c = a + (b + c)$ 　　　（加法の結合法則）

③ $a \times b = b \times a$ 　　　　　　　　　（乗法の交換法則）

④ $(a \times b) \times c = a \times (b \times c)$ 　（乗法の結合法則）

⑤ $(a + b) \times (c + d) = ac + bc + ad + bd$

⑥ $(a + b)^2 = (a + b) \times (a + b)$

　　$= a(a + b) + b(a + b)$

　　$= a^2 + ab + ba + b^2$

　　$= a^2 + 2ab + b^2$

⑦ $(a - b)^2 = (a - b) \times (a - b)$

　　$= a(a - b) - b(a - b)$

　　$= a^2 - ab - ba + b^2$

　　$= a^2 - 2ab + b^2$

⑧ $(a + b)(a - b) = a(a - b) + b(a - b)$

　　$= a^2 - ab + ba - b^2$

　　$= a^2 - b^2$

⑨ $(a + b + c)(e + f)$

月曜日

$$= \{(a + b) + c\} \times (e + f)$$
$$= (a + b)e + (a + b)f + ce + cf$$
$$= ae + be + af + bf + ce + cf$$

　ここで、数や文字をいくつか掛け合わせたものを単項式といい、二つ以上の単項式の和として表される式を多項式と呼ぶことにします。つまり、a^2、$2ab$ などは単項式、$a^2 + 2ab$ などは、多項式です。そして、ひとつの多項式を、いくつかの単項式や多項式の積で表すことを、「元の式を因数分解する」といいます。

　たとえば、上の例でいえば、$a^2 - b^2$ を因数分解した結果が、$(a + b)(a - b)$ であり、多項式の積の形を（　）をはずして、単項式の和の形にすることを「元の式を展開する」といいます。

　ここで余談ですが、因数分解とは、見方を変えれば、2つ以上の式から共通なものをくくりだして簡単な積の形にすることだと考えてもいいですね。極端な例かもしれませんが、人との会話がうまく通じるためには、2人に共通する話題が必要であり、そこにも因数分解の心があるといってもいいかもしれません。

第 2 章

数学の考え方・論理と証明

——火曜日

77年前にこのオルガンで聞いたバッハと出会う
(三越百貨店日本橋本店)

2-1 すじみちをたてて考える

　数学は、数の計算はもちろんのこと、数そのものの性質や空間図形などの性質について研究する学問ですが、そのほかに、重要な役目として、あるひとつのことを出発点として、正しいみちすじで考えて、正しい答にたどりつくための考え方を研究する学問でもあります。

　それでは、まず、図形をとりあつかう数学の分野（幾何学といいます）で、数学の考え方をお話ししましょう。幾何学のはじまりは、古くエジプトの測量学までさかのぼります。幾何学（geometry）とは、英語でいえば、geo（地球）をmetry（＝ measurement 測ること）という意味です。毎年訪れる雨季で川の水があふれだし、田畑の境界がわからなくなったときに必要となる測量から発達してきたようです。それはやがてギリシャに伝わり、タレス（Thales, BC640 頃 -BC546 頃）、ピタゴラス（Pythagoras, BC 590 頃 -BC510 頃）の時代を経て、ユークリッド（Eukleides, BC300 頃）によって、ひとつのまとまった数学の分野になりました。その成果は、『幾何学原論』全 13 巻としてまとめられています。以下、ユークリッド幾何学を題材にしてお話をすすめていきます。

火曜日

　美しく正しい考え方を推し進めるには、まず、はじめに、そこで使われる言葉をしっかりときめる必要があります。しかし言葉の役割をきめるには、言葉を使わなければなりません。そこで、どうどうめぐりで混乱しないように言葉をつきつめていって、もうそれ以上説明しなくても十分、誰にでも理解できると思う言葉を探し、それを出発点にして、考えを進めます。その出発点になる言葉を「定義」といいます。『幾何学原論』の第1巻、平面図形の部分では23か条の定義がかいてありますが、そのいくつかをひろってみると（番号は『原論』の番号）、

　定義

(1)　点とは面積のないものである。

(2)　線とは幅のない長さである。

(4)　直線とはその上の点に対して一様に横たわるようなものである。

(8)　（平面上の）角とは、相交わり、かつ1直線にならない2つの直線の間の傾きのことである。

(10)　1つの直線に対して、他の直線が2つの相等しい角を作るとき、その角を「直角」という。そして、あとの直線は前の直線に直角であるという。

(14)　1つあるいは1つ以上の境界によって囲まれたものを図形という。

(15)　円とは、その内部にある1定点から、そこへ至る距離がすべて等しいような曲線によって囲まれた平面図形である。

(16)　そしてこの定点を円の中心という

(23)　平行線とは、双方にどれだけ延長しても、どの方向においても交わらない2直線のことである。

などなどです。つぎに5か条の「公準（postulate）」がきます。「公準」とは、図形を考える上で、誰もが正しいと納得できる要請のようなものです。後でお話しする「公理（axiom）」よりも、厳密性を少しゆるめて、"こういうこともいえますよね"という内容を記したものです。その一例をあげると、

公準

(1)　任意の1点から他の1点に対して直線を引くこと。

(2)　直線は延長できる。

(3)　任意の中心と半径をもつ円を書くことができる。

(4)　直角はすべて相等しい。

(5)　1つの直線が2つの直線と相交わり、その片側にある2つの内角が、あわせて2直角よりも小さいとき、その2つの直線を限りなく延長すれば、そのあわせて2直角より小さい角のある側で相交わる。

火曜日

ここで、1から4までは、すぐにわかりますが、5の表現は、わかりにくいですね。しかし、簡単にいってしまえば、2本の直線と1本の直線が直角に交わっていれば、その2本の直線は「平行」であって、どこまでいっても交わらないと言い換えることができます（図1）。

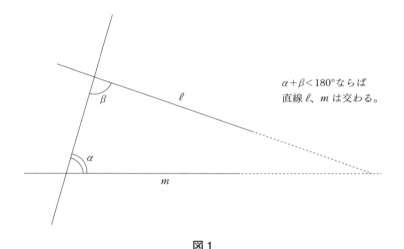

図1

そして、その後に、9か条の「公理 (axiom)」が書かれています。「公理」とは、理由なく誰にとっても正しいことがはっきりわかる内容のことです。その一部を書いてみると、たとえば、

第 2 章　数学の考え方・論理と証明

公理

(1)　同じものに等しいものは相等しい。

(2)　等しいものに等しいものを加えれば相等しい。

(3)　等しいものから等しいものを取り去れば、その残りは
　　　等しい。

(7)　互いに重なり合うものは相等しい。

(8)　全体は部分より大きい。

　などなどです。以上の準備をしたうえで、ユークリッドは、
本論に入ります。その第 1 番目にあげられているのが、「あ
たえられた直線の上に等辺三角形（正三角形）を作れ」とい
う「命題」です。命題というのは、公理から導かれる問題の
ようなものです。文章の場合は、正しいか、正しくないかが
判断できるものをいいます。以下、その論証です。

論証

(1)　あたえられた直線を AB とせよ。A を中心、AB を半
　　　径として円を描く。（公準 3）

(2)　B を中心、BA を半径として円を描く。（公準 3）

(3)　その交点 C より、A、B へそれぞれ直線 CA、CB を引
　　　く。（公準 1）

(4)　A は円 BCD の中心だから、AC ＝ AB。（定義 15）

(5)　同様にして、BC ＝ BA。（定義 15）

(6)　しかるに公理 1 によって、同じものものに等しいもの

41

は相等しい。
(7) よって AC = BC。
(8) ゆえに、三角形 ABC は求めるものである（図 2）。

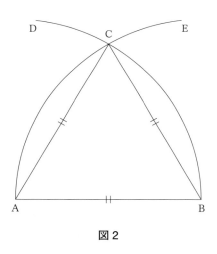

図 2

このように、定義、公準などを使って、一分のすきもないように論証をくみたてて、結論を導いていくのが、数学の考え方です。ここで、ユークリッドが「直線」といっているのは、正確には、直線の一部を切り取った「線分」だということに気をつけておきましょう。「直線」とは、無限に遠いところからやってきて、無限の彼方にまで続く図形だからです。

フェルマータ・その2
「平行線」の不思議

　さきほど、お話した第5公準ですが、少し言い方をかえれば、「二本の直線、ℓ、m に第3の直線が交わっているとき、ℓ と m が平行であれば、一組の「同位角」と「錯角」が等しい」ということを主張する公準だといえます。ここで、「同位角」と、「錯角」とは、下の図3と図4のような関係をいいます。平行線 ℓ、m（$\ell /\!/ m$ のように書きます）があるとき、

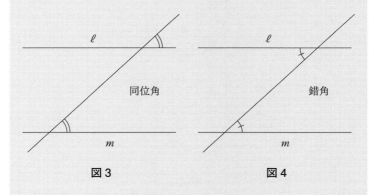

図3　　　　　　　　図4

　そこで、この第5公準を、これ以上、証明することがで

きない出発点だと認めると、たとえば、よく知られている三角形の内角の和は180°（直角90°の2倍なので"2直角"あるいは"平角"ともいいます）であるという「定理（theorem）」が導かれます。

ここで「定理」とは、公理から導き出され、定義された言葉だけを使ってあらわされた事柄で、正しいことが証明できる内容のことをいいます。

今、三角形ABCの頂点Aを通り、底辺BCに平行な線分DEを引けば、図4の関係から、三角形の内角∠ABC＝α、∠CAB＝β、∠BCA＝γをたしたものは、すべて線分DEの上に重ねることができるので180°になることがわかります（図5）。

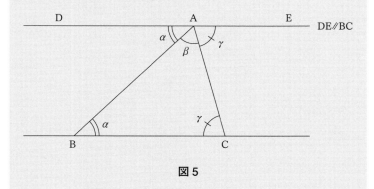

図5

あるいは、図6のように、三角形ABCの底辺を延長し、

これを CD とします。そして∠ACE =∠BAC であるように半直線 CE を引けば、CE は AB と平行ですから、三角形 ABC の内角の和は、BD 上にまとめられて 180°になります。

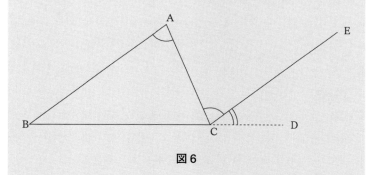

図6

また、二本の直線、ℓ、m が交わってできる向き合った角（対頂角）が等しいこともすぐに証明することができます（図7）。

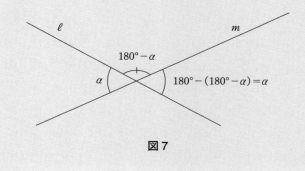

図7

言葉で書けば、ℓ、mにはさまれた角の大きさをαとしたとき、αに隣り合う角度の大きさは「$180° - \alpha$」、ゆえに、αに向きあった角度は、「$180° - (180° - \alpha) = \alpha$」ということですね。

それでは、ここで、きちんとした証明の手順について、簡単な平行線の問題を例に説明しましょう。

問題
図8のように、2本の直線 m、n があるとき、
(1) $m \parallel n$ ならば、$\angle \alpha + \angle \beta = 180°$
(2) $\angle \alpha + \angle \beta = 180°$ ならば、$m \parallel n$ である。

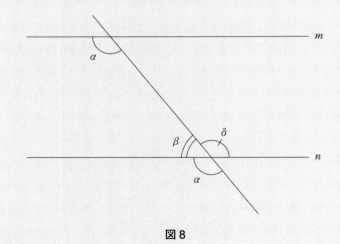

図8

第 2 章　数学の考え方・論理と証明

証明

(1)　$m /\!/ n$ であるという仮定から、錯角は等しくなるゆえ
　　に、

$$\angle \alpha = \angle \delta \qquad \cdots\cdots ①$$
$$\angle \beta + \angle \delta = 180° \qquad \cdots\cdots ②$$

　　　　よって　①、②　より、

$$\angle \alpha + \angle \beta = 180°$$

（証明おわり）

(2)　条件より、

$$\angle \alpha + \angle \beta = 180° \qquad \cdots\cdots ①$$
$$\angle \beta + \angle \delta = 180° \qquad \cdots\cdots ②$$

　　　　よって①、②より、

$$\angle \alpha = \angle \delta \qquad \cdots\cdots ③$$

したがって、③より、錯角が等しいので、直線 m、n
は平行である。

（証明おわり）

火曜日

　さて、話題を戻しましょう。

　このように、第5公準を認めてしまえば、つぎからつぎへといろいろな性質が導かれるのですが、これが公準といえるのかどうかという疑問がずっと続いていて、多くの数学者を悩ませていたという事実があります。それに終止符を打ったのが、ロバチェフスキー（Lobachevskii, 1793-1856）とボヤイ（Bolyai, 1802-1860）でした。なんと、ユークリッドが公準をたててから、2000年も経った後のことでした。これは「非ユークリッド幾何学」とよばれるもので、曲面の上での幾何学として知られています。

　そこでの論点は、

(1)　二点を結ぶ直線は一本とは限らない。
(2)　平行線は存在しない。

という新しい公準をおくことによって、新しい幾何学がつくりあげられるというのです。

　これによれば、図9に示すように、たとえば、地球のような球体を考えたとき、その球体の上と下の極を結ぶ直線は、無限に存在し、それらのすべては、赤道に対して垂直に交わ

ります。つまり、平行線は、極において交わるのです。したがって、二本の平行線と赤道によってつくられる三角形 ABC の内角の和は、明らかに二直角、180 度よりも大きくなります（図 10）。赤道に対して直角の方向に、BA, CA は伸びているのですから、この二つの角だけで二直角、180°になってしまいます。

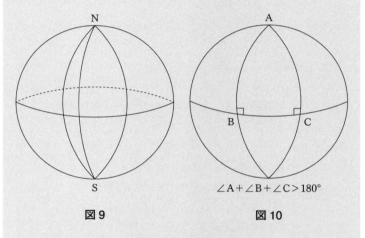

∠A＋∠B＋∠C＞180°

図 9　　　　　　　　　図 10

一方、馬の鞍のように曲がった曲面に描かれる三角形の内角の和は、明らかに二直角よりも小さくなります（図 11）。

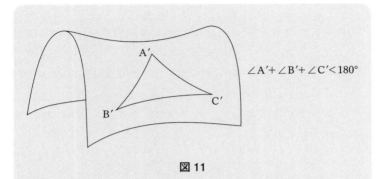

図11

　前者の空間は、正に曲がっているといい、後者は負に曲がっているなどと表現します。このような空間での直線は、平面から見れば曲線に見えますが、ここで、平面空間でいうところの直線とは、二点間の最短距離だと言い換えることができますから、赤道と極にピンをさして、その間にゴムひもを張れば、その曲面での最短距離は曲線になってしまいます。

　この考え方は、光が直進する行路が最短距離だとするならば、光の曲がり具合が、その空間の曲がり具合を表すことになり、一般相対性理論にまで発展する理論になります。たとえば、空間の中に質量の大きい物体があると、それによって空間が歪められ、その結果、光でさえもまっすぐにすすめなくなってしまうという「ブラックホール」などの理論も、きれいにまとめることができるようになります。空間が盛り上がったり、くぼんだりしているところには、力が働いているということにもなります。平面ではまっすぐに進むことがで

きるビー玉も、曲がっている面のところでは、力を受けて、大きく進路を変えてしまうことから、空間の曲がり方が、力を生みだしているということになります（図12）。

　このように、数学は、きちんと論理が通ってさえいれば、自由な学問なのです。このことに関して、20世紀最大の数学者といわれるヒルベルト（Hilbert, 1862-1943）はつぎのように言っています。

「数学は現象世界との対応におけるその真実性を追究するものではない。それは、ただ、"矛盾を生じない"という条件のみを要求された"仮定"から形式的に結論を導いてゆく"抽象理論"の建設こそが目的なのである」

　つまり、数学は、私たちが、見聞きしているような現象を解くためのものではなく、"矛盾"さえなければ、どのような仮定からどのような結論が導かれてもいい、というのです。それこそが、もっとも自由な学問としての数学の姿なのです。

火曜日

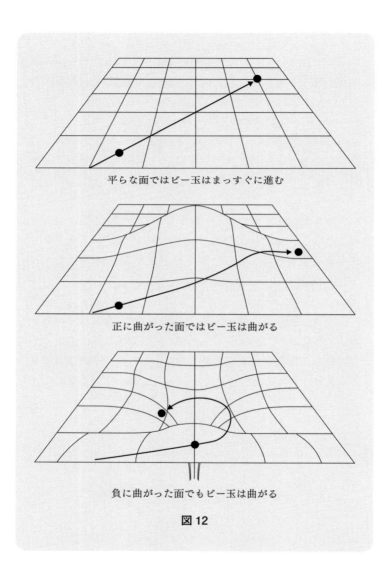

平らな面ではビー玉はまっすぐに進む

正に曲がった面ではビー玉は曲がる

負に曲がった面でもビー玉は曲がる

図 12

第 2 章 数学の考え方・論理と証明

2-2 論理と推論

　それでは、私たちが、ふだん使っている言葉による表現を
例にとって、数学の論理についてお話ししましょう。いつも
使っている言葉の表現の中で、一番、基本になるかたちは、

　　……は（ならば）……である。

というものでしょう。ここで、この主張が、正しいか正しく
ないかが明確に決まるような内容であるとき、この主張を
「命題（proposition）」といいます。このとき、この命題が、
正しいことを「真」、正しくないことを「偽」といいます。
「……は」を「仮定 P」、「……である」を「結論 Q」と書け
ば、記号では、

　　P　は（ならば）Q である。

あるいは、→　を使って、

　　P → Q

　では、命題について、もう少し、くわしくお話ししましょ
う。たとえば、

53

火曜日

　「この船は大きい」

この主張が正しいか、正しくないかは、それを判断する基準（見方）がたくさんありますから、一言ではいえません。したがって命題にはなりません。しかし、

　「この船は１万トンである」

といえば、この主張が正しい（真）か、そうでない（偽）かは、船の仕様をみれば、判断できますから、命題です。

　さて、私たちは、日常生活の中では、つねに考え、その考えにそって行動しています。言い換えれば、いくつかの命題から、正しい推論をとおして判断をして、行動をしています。たとえば、

　　彼は人間である。
　　人間は眠るものである。
　　それゆえ
　　彼は眠るものである。

　この場合、「彼は人間である」という主張と「人間は眠るものである」という主張は、正しいか、正しくないかの判断ができますから命題です。そして、この２つの命題が正しければ、「彼は眠るものである」という正しい命題としての

結論がえられるということを示したものです。このような考え方の道筋を「推論」といいます。この場合、言葉に書かれている内容を、"彼"から"彼女"におきかえても、"眠る"を"動物から進化したものである"におきかえても成り立ちます。つまり、正しい推論には形式があるということですね。一般的にいえば、「推論」とは、正しいと認められていることがら（これを"前提"といいます）から、ひとつの正しい"結論"を導きだす形式のことなのです。

　では、こんな例はどうでしょうか。

　　彼女は女性である。
　　それゆえ
　　彼女は母親である。

　彼女が女性であり、母親であることが事実であるとしても、この推論は正しくありません。"彼女"を"あなた"や"私"におきかえてみれば、この推論が正しくないことは、はっきりとわかりますね。
語られている内容は正しくても、推論は正しくないということです。正しい推論の形式は、記号で書けば、

　　P は Q である。
　　Q は R である。
　　それゆえ

火曜日

　　　PはRである。

ということになります。この推論の方法は、"論理学の父"
といわれるギリシャのアリストテレス（Aristotelēs, BC384-
BC322）が見出したとされる「三段論法」です。後の例では、

　　　PはQである。
　　　それゆえ
　　　PはRである。

という形式が正しくないということです。

　それでは、

　　　PはQである。
　　　それゆえ
　　　QでないものはPではない。

という推論は正しいでしょうか。答えは"イエス"です。さ
きほどの例でいえば、

　　　彼女は女性である。
　　　それゆえ
　　　女性でないものは彼女ではない。

一般に

　　Ｐ ならば Ｑ である。

という形を、この命題の"表"ということにすれば、

　　Ｑ ならば Ｐ である。

は、この命題の"逆"といい、

　　Ｑ でないならば Ｐ でない。

は、この命題の"対偶"といい、

　　Ｐ でないならば Ｑ ではない。

は、この命題の"裏"といいます。

　たとえば、「Ａ さんは母親であるならば、Ａ さんは女性である」という命題を考えましょう。

(1) 表：　Ａ さんは母親ならば、Ａ さんは女性である

(2) 逆：　Ａ さんは女性ならば、Ａ さんは母親である。

(3) 対偶：Ａ さんは女性でないならば、Ａ さんは母親ではない。

(4) 裏：　Ａ さんは母親でないならば、Ａ さんは女性ではない。

火曜日

　このように (1) に対して正しい主張は、(3) の対偶だけです。「雨は水である」という命題があるとき、逆の「水ならば雨である」、裏の「雨でないならば、水ではない」は、ともに正しくなくて、"対偶"の「水でないならば雨ではない」は正しいでしょう。

フェルマータ・その3
オイラーの記法

スイスの数学者、オイラー（L. Euler, 1707-1783）は、推論を進めるうえで、とても便利な方法を考案しました。
命題AとBとがある場合、それらの関係を図形で表す方法です。その規則は次の四つです。

(1) "AはBである" という命題については、Aの図形をBの図形の内部に描く（図13）。

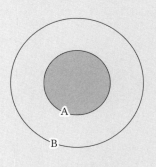

図 13

(2) "あるAはBである" という命題については、Aの少なくとも一部がBの内部に入り込むように描く（図14）。

火曜日

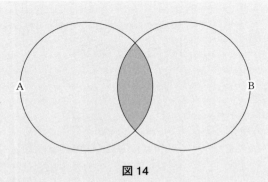

図 14

(3) "A は B ではない" という命題については、A の図形を、B の図形の外側に描く（図 15）。

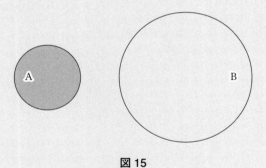

図 15

(4) "ある A は B ではない" という命題については、A の少なくとも一部が B の外側にはみ出るように描く（図 16）。

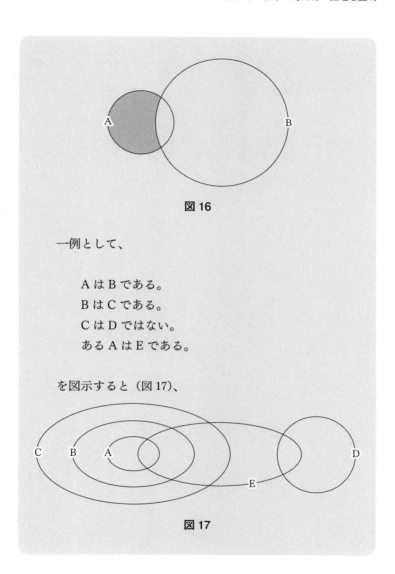

図 16

一例として、

　　A は B である。
　　B は C である。
　　C は D ではない。
　　ある A は E である。

を図示すると（図 17）、

図 17

火曜日

となり、ここから"あるEはDではない"という結論
を読み取ることができます。

☆　この記法をさらに発展させて、広範囲にわたる集合の関係を
視覚的にわかりやすくしたものに、ヴェン図と呼ばれるものがあ
ります。イギリスの論理学者ヴェン（J. Venn 1834-1923）によ
って考案されたものです。

第2章　数学の考え方・論理と証明

2-3 必要条件と十分条件

つぎに、必要条件と十分条件について、少しふれておきましょう。

まず、PならばQである、という主張を考えましょう。これを簡単に、

$$P \rightarrow Q$$

と書くことにします。

この場合、Pであるためには、Qであることが必要ですから、QをPの必要条件、また、PであればQであるためには十分なのですから、PをQの十分条件といいます。たとえば、

かたちのあるもの（P）は、いつかはこわれる（Q）。
（P → Q）

いつかはこわれること（Q）は、かたちがあるものである（P）ための必要条件。（QはPの必要条件）

かたちがあること（P）は、いつかはこわれること（Q）

の十分条件。(P は Q の十分条件)

　数学の例題でいえば、△＝ 0 ならば、△×□＝ 0 ですから、△×□＝ 0 は△＝ 0 であるための必要条件ですが、十分条件ではありません。なぜならば、△×□＝ 0 になるためには、△＝ 0 だけではなく、□＝ 0 であっても、△×□＝ 0 になるからです。また、△＝ 2、□＝ 3 は、△＋□＝ 5 の十分条件ですが、必要条件ではありません。△が 1 で□が 4 の場合も△＋□＝ 5 は成り立つからです。

　さらに　P → Q と Q → P が同時に成り立つとき、Q を P であるための必要十分条件といいます。このとき、P は Q の必要十分条件になります。たとえば、「$a＝0$　または $b＝0$」は、「$ab＝0$」が成り立つための必要十分条件になります。そして、P、Q がそれぞれ他の必要十分条件になるとき、P と Q は "同値" である（P ≡ Q）といい、数学的には、まったく同じ内容を示していることになります。

　ここで、P → Q、Q → P をオイラーの表示で書けば（図 18）、

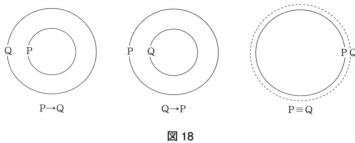

図 18

のようになりますが、これらが同時に成り立つためには、2つの円が重ならなければなりません。これがぴったり同じという意味で「同値」ということです。

仏教でいう「色即是空」、「空即是色」の関係です。「色」は「空」であって、「空」は「色」であるからこそ、「空」と「色」は、ぴったり同じだということになります。

ここで、余談ですが、私たち日本人にとっては、「はい」「いいえ」の使い方が、英語とは違っていて、難しいですね。たとえば、「明日、学校に行かないのですか？」と聞かれた場合、「はい、行きません」あるいは「いいえ、行きます」などと答えます。否定と肯定がまざった表現になります。英語では「いいえ、行きません」と「はい、行きます」という答えになります。

さて命題Pの否定を$\overline{P}$と書くことにしましょう。すると、

火曜日

「P ならば Q である」が正しければ、その対偶の「Q でなければ P ではない」も正しいことをお話しました。記号で書けば、

　　$\overline{Q}$（Q の否定）→ $\overline{P}$（P の否定）

です。この場合、この主張の対偶

　　$\overline{\overline{P}}$（$\overline{P}$ の否定）→ $\overline{\overline{Q}}$（$\overline{Q}$ の否定）

も正しいのですから、$\overline{\overline{P}}$（$\overline{P}$ の否定）= P、$\overline{\overline{Q}}$（$\overline{Q}$ の否定）= Q、すなわち、否定の否定は肯定になり、P → Q の主張に戻ります。

　それでは、ここで、条件文についての「否定」の形式を、いくつかあげておきます（肯定の条件文→その否定文、その具体例の条件文→その否定文、という順番で述べていきます）。

(1)　ある P について〜である
　　　→すべての P について〜でない。
　「クラス 30 人の中のある生徒は電話を持っている」
　　　→「クラス 30 人の全員が電話を持っていない」
(2)　すべての P について〜である
　　　→ある P について〜でない。
　「クラス 30 人、全員が電話を持っている」
　　　→「クラス 30 人の中のある生徒は電話を持っていない」

ここでは「ある……」と「すべて……」が入れ替わること
に注意しましょう。

(3)　P かつ Q（P であって同時に Q）

　　　→　$\overline{P}$（P の否定）　または　$\overline{Q}$（Q の否定）

「彼は電話とパソコンを持っている」

　　→「彼は電話を持っていないか、パソコンを持ってい
　　ないかのいずれかである」

「……であって同時に……」の否定は、どちらか一方の否
定になります。

(4)　P または Q

　　　→ $\overline{P}$（P の否定）かつ $\overline{Q}$（Q の否定）

「彼は電話かパソコンを持っている」

　　→「彼は電話も持っていないし、パソコンも持ってい
　　ない」

「……どちらか一方の……」の否定は、両方の否定になり
ます。

　以下に、さらにいくつかの命題とその否定の例を挙げてお
きます。

火曜日

(1) A は 5 の倍数である。

→ A は 5 の倍数ではない。

(2) X は 2 より大きい（X > 2）。

→ X は 2 以下である（X ≦ 2）。（2 より大きいとは X = 2 を含まないことに注意。"2 以下"とは 2 を含む）

(3) X と Y はともに偶数である。

→ X、Y の少なくとも一方は奇数である。（X は奇数、または Y は奇数ということ。ここでは"ともに偶数"を否定しています）

(4) X は 2 または 3 の倍数である。

→ X は 2 の倍数でもなく、3 の倍数でもない。（ここでは"または"と"倍数"の両方を否定します）

(5) A 君は茶道部と弓道部の両方に入っている。

→ A 君は茶道部に入っていないか、または、弓道部に入っていない。（茶道部、弓道部の両方に入っていないことを否定する）

(6) B 君の試験は、国語または英語が 80 点以上である。

→ B 君は国語も英語も 80 点未満である。（英語も国語も両方とも 80 点以上でない）

(7) クラスのすべての生徒は数学の授業をうけている。

→クラスのある生徒は、数学の授業を受けていない。

（ひとりでも数学の授業を受けていなければ、否定できる）

(8) クラスのある生徒は、身長 180cm 以上である。

→クラスのすべての生徒は、身長が 180cm 未満である。

（身長 180cm 以上の生徒がいるという主張を否定）
(9)　雨が降っているならば、傘をもっていく。
　　→雨が降っていても、傘を持っていかない。

　重要なことは、与えられた命題が何を主張しているのか、主張していないのは何なのかを見極めることです。主張とは、結論でもあるのですから、結論そのものだけを否定すればいいのです。このことを考えるための例として、最後にもうひとつ、例をあげておきます。

「来週、試合が行われるならば、C さんはその試合に出場する」

という命題の否定文は、

「来週、その試合が行われ、かつ、C さんは、その試合には出場しない」

になります。

　　　　　　☆　＞、≧などについては、p.83 に説明があります。

火曜日

火 曜 日 の ま と め

(1)　命題とは、真（成り立つ）か偽（成り立たない）かが、
　　はっきりしている文章や式のことです。
　　　"6 は 2 の倍数である" は正しいので真の命題ですが、
　　"10 は 7 で割り切れる" は、成り立たないことがはっき
　　りしていますから、偽の命題です。しかし、"あの音楽
　　は美しい" は、真であるとも、偽であるとも、決められ
　　ませんから命題ではありません。

(2)　P と Q を命題、として、P は（ならば）Q　であるとき、

$$P \to Q$$

と書くことにします。P でないことを P の否定といい、
$\overline{P}$ で表します。そのとき、

　　$P \to Q$　を「表」
　　$Q \to P$　を「逆」
　　$\overline{Q} \to \overline{P}$　を「対偶」
　　$\overline{P} \to \overline{Q}$　を「裏」

といい、「表」が正しければ、「対偶」も正しいことになります。「Aさんは女性のピアニストである」が正しければ、「女性のピアニストでなければAさんではない」という主張も正しい表現になります。

(3) P → Q が成り立つとき、P は Q の十分条件であるといい、Q は P の必要条件であるといいます。

さらに、その逆、Q → P　が成り立つとき、Q は P の必要十分条件であるといいます。その場合、P も Q の必要十分条件になります。この関係は、P と Q が、数学的には同じ内容を含むという意味で、「同値」といいます。

(4) 否定文の形式をまとめると、

すべての□について P が成り立つ。
　　→ある□について$\overline{P}$（Pの否定）が成り立つ。
ある△について Q が成り立つ。
　　→すべての△について$\overline{Q}$（Qの否定）が成り立つ。
P ならば Q
　　→ P であって（かつ）$\overline{Q}$（Qの否定）

71

火曜日

(5)　三段論法とは、

　　　　AはBである。
　　　　BはCである。
　　　　それゆえ、
　　　　AはCである。

　　という推論の形式です。

第 **3** 章
一次方程式
——水曜日

ベーゼンドルファーの音にはウィーンの香りが漂う
(コスモアイル羽咋・コンサートホール)

第3章　一次方程式

3-1 方程式って何だろう？

　"桃を 3 個買ったら 600 円でした"という文章を、式で表したらどうなるでしょうか。桃一個の値段が同じだとして、それをかりに x 円だったとします。すると、"円"の単位を省いて書けば、

$$x + x + x = 600 \qquad \cdots\cdots①$$

少し、書き換えれば、左辺は x の 3 倍、すなわち $x \times 3$ ですが、この場合、数字と文字が入っている場合には×記号を書かなくてもいいときめれば、$3x$ と書いてもさしつかえありません。そこで、

$$3x = 600 \qquad\qquad \cdots\cdots②$$

ここで、桃一個の値段 x は、左辺を 3 で割ればでてきますが、左辺は、等号"＝"で右辺と結ばれていますから、両辺が同じ値になるためには、右辺も 3 で割らなければなりません。この場合は、両辺とも 3 等分するということですから、両辺の値は変わりません。

$$3x \div 3 = 600 \div 3$$

75

すなわち、

$x = 200$

あるいは、$3x = 600$ という式で、知りたいのは x なのですから、この式の両辺に $\frac{1}{3}$ をかけることによって、左辺を知りたい x だけにすると考えてもいいですね。ここで、両辺は＝で結ばれているのですから、右辺にも同じように $\frac{1}{3}$ をかけなければ、等号＝は成り立ちません。そこで、

$$3x \times \frac{1}{3} = 600 \times \frac{1}{3}$$
$$x = 200$$

です。このように、求めたい数を、わかったものとして、x と書き、問題文を式の形にしたものを「方程式」といい、そこから未知数 x を求めることを"方程式を解く"というのです。そして求められた未知数 x のことを、方程式の"解"といいます。また、求める未知数 x がひとつであることを「一元」といい、その未知数が x^2 でも x^3 でもなく x^1、すなわち x であることを「一次」といっていることから、この方程式を「一元一次方程式」といいます。

つぎに、「桃とりんごが合わせて 26 個あります。そのう

ち桃が 11 個です。りんごはいくつあるでしょう」という文章題を、式に書いてみましょう。今はわからないけれども、知りたいりんごの数を x とします。

$$x + 11 = 26 \quad \cdots\cdots③$$

ここで、知りたいのは x ですから、左辺を x だけにしてやればいいですね。そのためには、左辺から 11 を引けばいいでしょう。しかし、＝がなりたつためには、右辺からも 11 を引く必要があります。つまり、

$$x + 11 - 11 = 26 - 11$$

つまり、

$$x = 26 - 11 \quad \cdots\cdots④$$
$$x = 15$$

すなわち、りんごの数は 15 個です。この計算の過程をよくみると、③式で、左辺の＋11 を右辺に移動させることで、④式になっています。これを「移項」といいますが、移項することで、符号が＋から－にかわっています。両辺にある文字や数を（符号を変えて）移項することによって、方程式の解き方が簡単になります。左辺の＋11 を右辺に移項して－11 にするだけで正しい答えがえられるからです。

水曜日

　もうひとつ、こんな問題を解いてみましょう。鶴亀算として知られる問題です。

"鶴と亀があわせて26匹います。両方の足の数の合計は80本です。鶴と亀はそれぞれ何匹いますか。"

　まず、亀の数を x とします。すると、鶴の数は、$26 - x$ です。そして、亀の足は4本で、鶴の足は2本です。それゆえ、全部の足の数について、つぎの式が成り立ちます。これが解くべき式です。

$$4 \times x + 2 \times (26 - x) = 80$$
$$4 \times x + 2 \times 26 - 2 \times x = 80$$
$$4 \times x - 2 \times x + 2 \times 26 = 80$$
$$(4 - 2) \times x + 52 = 80$$
$$2 \times x + 52 = 80$$
$$2 \times x = 80 - 52$$
$$2 \times x = 28$$
$$x = 14$$

したがって、鶴の数は、$26 - 14 = 12$（羽）になります。

　ここで、数字と文字の間では、×（掛ける）の記号は省いてもよいということでしたから、次のように書くと、とても

78

第 3 章　一次方程式

すっきりします。

$$4x + 2 \times (26-x) = 80$$
$$4x + 2 \times 26 - 2x = 80$$
$$4x - 2x + 2 \times 26 = 80$$
$$2x = 80 - 2 \times 26$$
$$= 80 - 52$$
$$= 28$$
$$x = 14$$

　大切なことは、＝で結ばれた左側（左辺といいます）と右側（右辺といいます）の値は等しいのですから、加減乗除をするときには、両辺ともに同じように加減乗除しなければならないということです。このことを要求するのが＝という記号のすごさなのです。

水曜日

3-2 比例と一次方程式

　時速50kmで走る自動車の走行距離を y（km）、走行時間を x（時間）とすれば、

　　　$y = 50x$ 　　……①

という式で表されます。ここで、いろいろの値をとることができる x や y を"変数"といいます。このように変数が2つある一次方程式を二元一次方程式といいます。そこで、①式の場合は、x の値をきめると、y の値がひとつきまります。このような関係にあるとき、y は x の一次関数であるといいます。この関係を、目で見えるようにしたのが、座標を使ったグラフの考え方で、フランスの数学者、デカルト（R. Descartes, 1596-1650）が、天井の上をはっているハエをベッドから見上げたのがきっかけで思いついたという逸話が残っています。縦、横に伸びる二本の数直線が、原点0で直角に交わる表わし方です。たとえば、走行時間 x を横軸に、それと直角に走行距離 y を縦軸にとってグラフにすると図1のようになります。

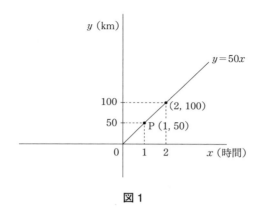

図 1

ここでは、x 座標と y 座標では、目盛りの間隔が違っていることに注意しましょう。$x = 1$（時間）のときの y の値は 50、$x = 3$（時間）のときの y の値は 150 というように、①式で表されるすべての状況が、この 1 本の線によってあらわされています。この座標軸でつくられた平面を xy 座標面といいますが、その面の上にあるすべての点は、その点からそれぞれの軸に平行に引いた直線が、それぞれの軸で交わる場所の目盛り値に対応します。上の図で、1 時間走ったときの距離 50（km）は、点 P（1, 50）であらわされます。これは、点 P の x 座標が 1、y 座標が 50 であることを示しています。

ところで、さきほどの例で、自動車の出発点が、基準の場所から 100km 離れた場所だとすれば、時間 0 のときの位置は 100km、1 時間後には 150km ですから、図 2 のようになります。

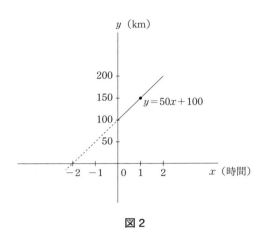

図2

この場合の式は、

　$y = 50x + 100$

になります。$x = 0$ のとき、$y = 100$ になっていることを覚えておきましょう。

　さて、一般に、a を0でない定数、b を定数として、

　$y = ax + b$　　……②

であらわされるとき、y は x の「一次関数」であるといいます。宇宙の中に存在するすべての直線は、xy 座標面の中では、②式で表されます（図3）。

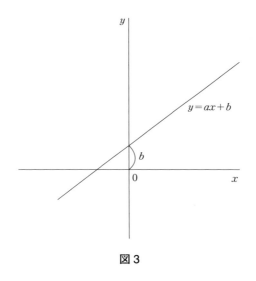

図3

　ここで、二つの数、□、△があるとき、□が△より大きいときには□＞△、小さい場合は□＜△、そして、□は△と等しいか大きいかの場合は≧、等しいか小さいかの場合は、≦であらわします。これらを不等号といいます。そこで、②式で、$a > 0$ の場合、x が1だけふえれば、y も a だけふえますから、x がふえる方向に y も大きくなり、右肩上がりに階段を上がっていくように伸びる直線になります。$a < 0$ の場合は、反対に x が1だけふえれば、y は a だけへりますから、右肩下がりに階段を下におりるように伸びていく直線になります。そして、$x = 0$ とおけば、$y = $ b となって、②は、y 軸の値がbになる点を通ります。これを「y 切片」といいま

す。また、x が $-\dfrac{b}{a}$ のときに y は 0、すなわち、直線が x 軸をきる点で、これを「x 切片」といいます。さらに、a が大きいほど、直線の傾きは大きくなりますから、a を「傾き」といいます。

つぎに、2つの変数、x、y に対して、0 ではない定数 a があって、

$$y = ax$$

の関係がなりたつとき、y は x に比例するといい、a を比例定数といいます。また x に対して $\dfrac{1}{x}$ を x の「逆数」といいますが、

$$y = \dfrac{a}{x}$$

の関係が成り立つとき、y は x に反比例するといいます。簡単のために、$a = 1$ の場合、$y = \dfrac{1}{x}$ のグラフは図4のようになります。これを双曲線といいます。x が、かぎりなく＋の側から 0 に近づくと y は、無限大に発散し、－の側から 0 に近づけば、－方向の無限大に近づきます。0 に接近すればするほど、y の絶対値が無限大になっていくという面白い関数です。そして $x = 0$ のときの y の値は確定しません。

84

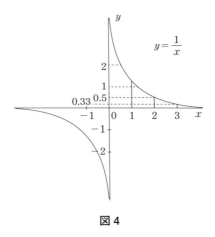

図 4

たとえば、面積 200cm^2 の長方形の縦の長さを y、横の長さを x とすれば、xy が面積になりますから、

$$xy = 200$$

これを書き換えると、

$$y = \frac{200}{x}$$

になります。さらに、ある容器に気体をいれて、温度がかわらなければ、外から加える圧力と、その気体の体積は反比例します。あるいは、逆に、ゴムボールの中に気体をおしこめておいて、体積を小さくすれば、中の圧力がたかまって、それが反発力になってひろがろうとします。圧力を P、体積を V であるとすれば、

水曜日

$$PV = 一定$$

これを"ボイルの法則"といいます。バランスボールがふわ
ふわする理由ですね。

フェルマータ・その4
日常の中の一次方程式

(1) 時計の長針と短針が、7時と8時の間で一直線になる
時刻を求めてみましょう。

求める時刻を7時 x 分とします。長針は、12時の位
置から x 分動いています。そのとき、短針は、$\dfrac{x}{12}$ 分
進みますから、短針の位置は、12時35分の位置から、
$35 + \dfrac{x}{12}$ 分の位置にきています。両方の針が一直線に
なるということは、長針の位置から30分進んだ位置に
短針があるということですから、

$$x + 30 = 35 + \frac{x}{12}$$

$$x - \frac{x}{12} = 35 - 30$$

$$\frac{11}{12} x = 5$$

$$x = \frac{60}{11}$$

$$= 5 \frac{5}{11}$$

答えは、7時5分と $\dfrac{5}{11}$ 分、ここで、1分は60秒です

から、$\frac{5}{11}$分 = 60 秒 × $\frac{5}{11}$ = 27.27272……秒 ≒ 27.3 秒として、

　7 時 5 分 27.3 秒

ということになります（図 5）。

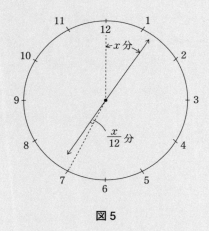

図 5

(2)　宇宙の大きさと年齢を推定する。

　1929 年、アメリカの天文学者、ハッブル（E. Hubble 1889-1953）は、遠くにある銀河の中にある星からの光を分析して、より遠い銀河ほど、より速く地球から遠ざかっていることを発見しました。「ハッブルの法則」で

す。式で書けば、銀河までの距離を r、遠ざかる速度を v とすれば、v と r は比例関係にあるということで、

$$v = H \times r \quad \cdots\cdots ①$$

ここで、H は「ハッブル定数」と呼ばれています。

　さて、ここで、銀河の速さは距離に比例して遠ざかっていくというのですから、いずれは光速 c になってしまうところがあるはずです。ところが、その場所からやってくる光は、いつまでたっても地球には届きません。ということは、その先からの情報は、やってこないということで、現実問題としては、そこが宇宙の果てであると考えることができます。①の v を光速 c でおきかえると、宇宙の大きさ R は　①から、

$$R = \frac{c}{H}$$

になります。くわしくは、拙著『14 歳のための宇宙授業』にゆずりますが、ここで、H の観測値を使うと、宇宙の果てまでの距離は、およそ 138 億光年になります。また、宇宙が生まれてからの時間は、宇宙の果てまで光が届く時間だとも考えられますから、同様に 138 億年だと考えられます。

(3)　お茶はさめないうちにどうぞ。

水曜日

　いれたばかりの熱いお茶でも、沸いたばかりのあたた
かいお風呂でも、時間がたつにつれて冷えていきます。
その冷え方の速さは、最初は速く、時間がたつにつれて
しだいにゆっくりと冷えていきます。これは、あの有名
なニュートンが「冷却の法則」として発見したもので、
「物体が失う熱量は、その物体と周囲の温度の差に比例
する」というものです。別の言い方をすれば「物体の温
度が1℃下がるのに必要な時間は、物体と周囲の温度の
差に反比例する」ということになります。このように、
比例と反比例は、ものごとの何に着目するかによって
表・裏の関係にあるのですね。これを確かめるために、
こんな実験をしてみました。カップに入った79℃のコー
ヒーを室温24℃（湿度62%）の部屋において、10分
ごとに温度を測ってみました（表1）。

時間（分）	0	10	20	30	40	50	60
室温	24.0	24.0	24.0	23.9	24.0	23.9	23.7
コーヒーの実測温度（℃）	79	65	55	48.5	44	40	37
（予測値）	*	*	(54.6)	(47.1)	(42.3)	(39.0)	(36)
室温との差（℃）	55	41	31	24.6	20	16.1	13.3

表1

さて、79℃のコーヒーが 10 分後には 65℃になっていることから、14℃下がっています。1℃下がるために必要な時間は $\frac{10}{14}$ 分／℃です。一方外気温との温度差は 79 − 24 = 55℃です。これらが、反比例の関係にあるとすれば、$\frac{10}{14}$ × 55 = 39.3 は一定になりますね。そこで、20 分後の予測をしてみましょう。10 分後のコーヒーの外気温との差は 41℃です。20 分後のコーヒーの温度低下を x とすれば、

$$\frac{10}{x} \times 41 = 39.3$$
$$x = 10.4$$

したがって　20 分後の予想温度は、65 − 10.4 = 54.6（℃）になります。同様に、30 分後の温度低下 y は、

$$\frac{10}{y} \times 31 = 39.3$$
$$y = 7.9$$

したがって、30 分後の予想温度は、55 − 7.9 = 47.1℃になり、およそ実測値に近い結果を示しています。

これを図 6 に示すとこのようになります。とても美しいカーブを描いていますね。これも、自然が創り出す芸術かもしれません。自然は、どうやら数学で書かれているようですね。

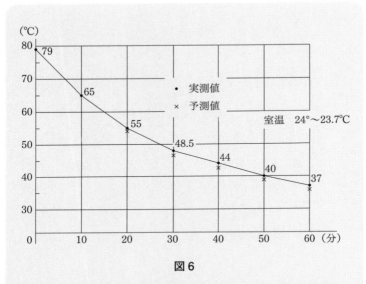

図6

(付) 実は、このコーヒーの冷却曲線は、微分方程式を使って、解くことができます。しかし、それは、高校の数学をおえた後で学ぶ微分積分学での内容ですから、ここでは軽く読み飛ばしていただいて結構です。こんな解き方もあるということだけを記憶の片隅に入れておいてくださいね。

時刻 t のときのコーヒーの温度を T、室温を 24 とすれば、

$$\frac{dT(t)}{dt} = -k(T(t) - 24)$$

これを解くと、

$$T(t) = 24 + Ae^{-kt}$$

になりますが、$t = 0$ で、$T = 79$ であることから、$A = 46$、よって、

$$T(t) = 24 + 46e^{-kt}$$

10 分後に、$T = 65$ になったことを使えば、

$$65 = 24 + 46e^{-10k}$$

になるので、ここから、

$$65 - 24 = 46e^{-10k}$$

よって、

$$e^{-10k} = \frac{41}{46}$$

したがって、

$$T = 24 + 46\left(\frac{41}{46}\right)$$

20 分後は、

$$e^{-20k} = \left(\frac{41}{46}\right)^2$$

であるから、これらをもとめて、式をかけば、

$$T = 24 + 46\left(\frac{41}{46}\right)^{\frac{t}{10}}$$

水曜日

これが今回の実験値から求めた理論的冷却曲線の方程式です。

3-3 連立一次方程式

まず、問題です。

「180 席あるプラネタリウムの入場料は大人 400 円、中学生以下 200 円です。ある日、満席になりました。あとで、売り上げ金を計算したら 6 万 1200 円でした。大人、中学生以下の来場者数は、それぞれ何人だったのでしょう」

これは、3-1 でもお話した「鶴亀算」の問題ですが、これを算数だけで解くのは、かなり面倒です。そこで、一次方程式を利用して解いてみます。知りたい未知数は 2 つ、大人の数と中学生以下の数ですが、それらを x、y としましょう。この場合、未知数が 2 つあって、方程式が 2 つ書けますから、「二元連立一次方程式」といいます。つまり、こうなります。

$$x + y = 180 \qquad \cdots\cdots ①$$
$$400x + 200y = 61200 \qquad \cdots\cdots ②$$

②の両辺を 200 で割ると、

水曜日

$$2x + y = 306 \qquad \cdots\cdots ③$$

③と①をならべて、③から①のそれぞれの項を引くと
（"辺々を引く"といいます）、

$$x = 126 \qquad \cdots\cdots ④$$

④を①に代入すると、

$$126 + y = 180$$
$$y = 180 - 126 = 54$$

したがって、大人126人、中学生以下54人であったことが
わかります。このようなとき方を「加減法」といいます。

　もうひとつの解き方は、「代入法」です。数字が大きくな
りますが、①から求めた y の値、すなわち、$y = 180 - x$ を
②に代入して、

$$400x + 200\,(180 - x) = 61200$$
$$400x + 36000 - 200x = 61200$$
$$400x - 200x = 61200 - 36000$$
$$200x = 25200$$
$$x = 126$$

第3章　一次方程式

　しかし、あまり手間をかけないで、エレガントに解くのが
数学の妙味ですから、この問題の場合は、「加減法」が適切
でしょう。

　このように求めたい未知数が2つあるとき、2つの式をた
てて計算します。一般的に書けば、

$$ax + by = c \quad \cdots\cdots ⑤$$
$$px + qy = r \quad \cdots\cdots ⑥$$

ですが、この二元一次連立方程式の解は、⑤、⑥であらわさ
れる方程式のグラフを書いたとき、その二本の直線の交点と
して得られます。たとえば、

$$x + y = 5 \quad \cdots\cdots ⑦$$
$$3x - y = 3 \quad \cdots\cdots ⑧$$

⑦+⑧から $4x = 8$、これより、$x = 2$。これを⑦に代入して、
$2 + y = 5$ から $y = 3$ がえられます。グラフに描けば、図7
のようになります。

水曜日

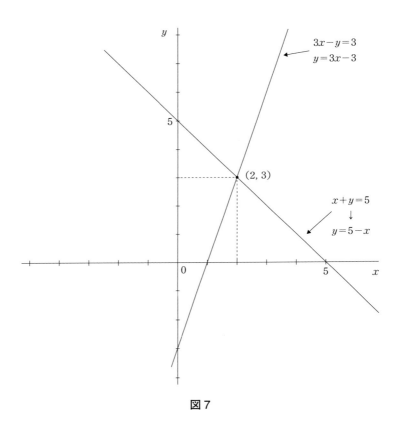

図 7

第3章　一次方程式

水 曜 日 の ま と め

(1)　方程式

値がわかっていない未知数を、わかったものとして文字に書き（たとえば x）、問題全体を式で表したものです。

(2)　一元一次方程式

0 ではない定数 a（これを $a \neq 0$ と表記します）、任意の定数を b としたとき

$$ax + b = 0$$

の形に書ける方程式を一元一次方程式といいます。
p.75 の②、$3x = 600$ は $3x - 600 = 0$ と書けるので一元一次方程式です。一元とは方程式の中の未知数がひとつあることをいいます。

(3)　比例と反比例

変数 x、y について、$a \neq 0$ であるとき、$y = ax$ の関係にあることを、y は x に比例するといい、グラフにすると直線になります。その場合、a はその傾きを表し、「比例定数」といいます。$a > 0$ であれば、右肩上がり、$a < 0$ であれば、

右肩下がりの直線になります。

$y = \dfrac{a}{x}$ の関係にあるとき、y は x に反比例するといいます。

グラフにしたときの曲線の形を「双曲線」といいます。

(4) 二元一次連立方程式

未知数が2つ含まれる方程式は、少なくとも、その未知数を含む方程式が2つなくては解けません。

　その2つの方程式を連立方程式といいます。二元とは、未知数が2つあることをいいます。

　その解き方には2通りあり、足したり、引いたりして1つの未知数を消去して、まず、ひとつの未知数を求め、それをもとに、もうひとつの未知数を求める方法です。加減法といいます。あるいは、ひとつの未知数についてまとめた式を、別の式に代入して求める方法で「代入法」といいます。

$$x + y = 10 \qquad \cdots\cdots ①$$
$$2x - y = 14 \qquad \cdots\cdots ②$$

加減法：①＋②から $3x = 24$、$x = 8$、この値を①に代入して、$y = 2$ がえられます。

代入法：①から $y = 10 - x$、これを②に代入して、$2x - (10 - x) = 14$。ここから　$3x = 24$、$x = 8$、この値から、$y = 2$ となります。

第 **4** 章
二次方程式
——木曜日

雪の林の奥でひっそりと微笑む真冬の月（アトリエ）

4-1 落ちることの美しさ

なめらかで平らな斜面にそってビー玉を転がすと、転がる距離は、転がる時間の二乗に比例して大きくなることがわかります（図1）。

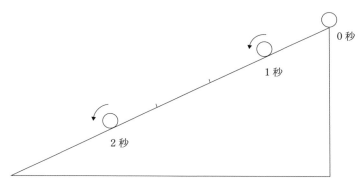

図1

そこで、この斜面が地面に対して垂直になったとすれば、ビー玉は、落下することになりますが、その場合も、この性質は変わりません。もちろん、空気の抵抗などがまったくないときの話です。精密な実験を重ねれば重ねるほど、落下距離が落下時間のぴったり二乗に比例していることがはっきりしてきます。それは落下時間の1.9999乗でもなければ、

2.0001乗でもなく、ぴったり2.000……乗です。詳細は、拙著『14歳のための物理学』にゆずるとして、この驚くべき単純さは、私たちが住んでいる空間が、時間を除いて3次元空間であるという事実にもとづくということだけを付け加えておきます。

　さて、地上で、物体を静かに落とした時の落下距離を y（m）、落下時間を t（秒）とすれば、その実験結果は、

$$y = 4.9t^2 \quad \cdots\cdots①$$

"ものが落ちる"というどこででも起こっているような自然現象の中に、こんな単純な法則があることには、驚かされます。つまり、1秒間に落ちる距離は4.9m、2秒では、4.9 × 4 = 19.6（m）……です。この場合、左辺と右辺の単位が同じになるためには、4.9という比例定数にも、（m／秒²）という単位が含まれているのですが、これも、詳細は、拙著『14歳のための物理学』にゆずることにして、ここでは、数値だけの計算をすすめることにします。

　つぎに、このビー玉を、秒速10mで真上に投げ上げたらどうでしょう。ニュートンの第一法則、つまり外からの力が働かなければ、等速運動を続けますから、地球からの引力がなければ、時間 t の間に、10t（m）の距離だけ、どこまでも同じ速度で上にあがっていこうとします。しかし、地球の重

第 4 章　二次方程式

力によって、下向きに引っ張られて、徐々に速度を落とし、最高点に達したあと、①で与えられる式にしたがって、再び落ちてくるでしょう。つまり、上向きを正の方向にとれば、投げ上げられてから t 秒後の高さ y は

$$y = 10t - 4.9t^2 \quad \cdots\cdots②$$
$$= t(10 - 4.9t)$$

投げ上げられた地点を高さ 0 だとすれば、$y = 0$ ですから、②は、

$$t(10 - 4.9t) = 0$$

これを解けば、$t = 0$（秒）、または（　）が 0、すなわち $(10 - 4.9t) = 0$ から、

$$t = \frac{10}{4.9} = 2.04 秒$$

が得られます。これは、投げ上げられた瞬間の時刻と、ビー玉がふたたび、地上に戻ってくる時刻をしめしています。

　また、地上 50m の建物の上から、同じように少しななめに投げ上げたビー玉が地上に落ちるまでの時間は、

$$- 50 = 10t - 4.9t^2$$

を解けば求められます。投げ上げた場所の高さを基準にとりましたから、地上の高さは $- 50$（m）になります。

105

この方程式を書き換えると、

$$-4.9t^2 + 10t + 50 = 0$$

になります（図2）。

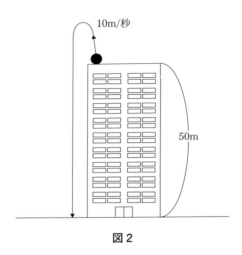

図2

　一般に、a を 0 でない定数、b、c を定数として、変数を x にしたとき、

$$y = ax^2 + bx + c \quad \cdots\cdots ③$$

であらわされる y を x の二次関数といい、y と x の関係を表す式を、x に対する二次方程式といいます。

ところで、一次方程式、

$$2x = 6$$

を解くということは、$y = 2x$ という直線上にある y 座標の値が 6 である点の x 座標はいくらか、という問題です（図3）。この場合は $x = 3$ です。

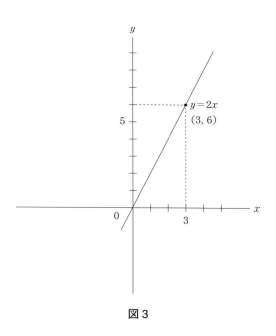

図3

それと同じように、二次方程式、

$$x^2 = 4$$

は $y = x^2$ という方程式で表される曲線上にある y 座標の値が 4 である点の x 座標の値はいくらか、ということを問いかけている問題です。答えは、2 と -2 と、2 つあります（図4）。一次方程式の解は、1 つですが、二次方程式の解は 2 つです。

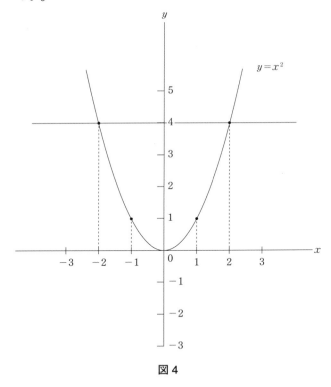

図4

4-2 平方根と無理数

　今、一辺の長さが1であるような正方形ABCDを考えます。単位は、cmでもmでもかまいません。
　つぎに、正方形ABCDの対角線ACを一辺とする正方形AEFCを考えます。このとき、最初の正方形ABCDの面積は、△ABCの面積の2倍、後の正方形AEFCの面積は、△ABCの面積の4倍で、結果として、正方形ABCDの面積の2倍だということになります（図5）。

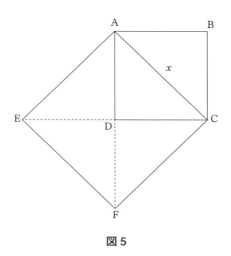

図5

木曜日

　そこで、線分 AC の長さを x とすれば、

　　正方形 AEFC の面積＝ x^2

になり、これは正方形 ABCD の面積（＝ 1）の 2 倍になります。したがって、

　　$x^2 = 2$

ここで、$1^2 = 1$、$2^2 = 4$　ですから、x は、1 と 2 の間にある数だということになります。そこで、見当をつけて計算してみると

　　$1.5^2 = 2.25$
　　$1.4^2 = 1.96$
　　$1.41^2 = 1.9881$
　　$1.414^2 = 1.999396$
　　$1.4142^2 = 1.99996164$
　　$x^2 \;\leftarrow\; 2.00000\cdots\cdots$
　　$1.4143^2 = 2.0002444$

二乗すると 2 になる数 x は、1.4142……と 1.4143……の間のどこかにあるのでしょう。そこで、その数を $\sqrt{2}$ と書き、"ルート 2" と呼ぶことにします。$\sqrt{}$ を根号、$\sqrt{2}$ を 2 の平方根などと呼びます。いくつかの例をあげておきましょう。

110

第 4 章 二次方程式

$$\sqrt{0} = 0、\sqrt{4} = 2、\cdots\cdots\sqrt{100} = 10$$
$$\cdots\cdots\sqrt{0.01} = 0.1$$

です。ここで、興味深いのは、$\sqrt{2}$ は、小数で書いていくと、どこまでいっても続いていて、終わりがないことです。その一方で、分数を小数になおしたとき、

$$\frac{1}{2} = 0.5 \qquad \frac{7}{8} = 0.875$$

のように、小数第何位かで割り切れるものや、

$$\frac{1}{3} = 0.333\cdots\cdots \qquad \frac{2}{11} = 0.18181\cdots\cdots$$

のように限りなく続く数があります。小数第何位かで終わる小数を「有限小数」、どこまでも続く小数を「無限小数」、小数部分で、同じ数や数列を永遠に繰り返す小数を「循環小数」と呼んでいますが、循環小数は、必ず割り切れない分数で表すことができます。たとえば、

$$a = 0.1818\cdots\cdots \qquad\qquad \cdots\cdots①$$

両辺を 100 倍すると

$$100a = 18.1818\cdots\cdots \qquad \cdots\cdots②$$

②から①を両辺それぞれひくと

$$99a = 18$$

111

となって、

$$a = \frac{18}{99} = \frac{2}{11}$$

となります。

　ところで、これらは、いずれも数直線上のどこかに必ず存在するということから「実数」と呼んでいます。その中で、

$$\frac{整数}{整数}$$

で表される数を「有理数」といい、表されない数を「無理数」といいます。

　実は、$\sqrt{2} = 1.41421356\cdots\cdots$、$\sqrt{3} = 1.7320508\cdots\cdots$、$\sqrt{5} = 2.2360679\cdots\cdots$などはすべて無理数です。分数では表すことができない数です。

　ところで、こんな不思議な無理数、$\sqrt{2}$ は私たちの生活の中に存在しています。用紙を２つ折りにしていったとき、用紙の縦横比が一定になる条件を求めてみましょう。いま、短いほうの一辺の長さを1、長い方の一辺の長さをxとします。これを２つ折にすると、今度は、短い方の一辺の長さが $\frac{x}{2}$、長い方の一辺の長さが1になります。これらの用紙の縦横比が同じになるためには、

$$1 : x = \frac{x}{2} : 1 \qquad \cdots\cdots①$$

ですから、

$$\frac{x^2}{2} = 1$$
$$x^2 = 2 \qquad\qquad \cdots\cdots②$$

したがって

$$x = \sqrt{2} \qquad\qquad \cdots\cdots③$$

になります。この場合、②の解には、$-\sqrt{2}$ もふくまれますが、紙の長さなので、＋の解だけをとることにします。②は二次方程式ですから、2つの解があるということです。

　実は、用紙には、A判、B判などがあり、たとえば、A3を二つ折にするとA4、それを2つ折にするとA5判になるようにつくられていて、無駄をなくしているのです。ちなみに一番大きなA0判の大きさは841mm × 1189mmで、それを二つ折りにしたのが、A1判です。B判は、1030mm × 1456mmの大きさが基準になっています。

フェルマータ・その5
√2のひみつを探る

それでは、A判やB判の用紙の縦横比が$\sqrt{2}$であることを、折り紙で確かめてみましょう（図6）。

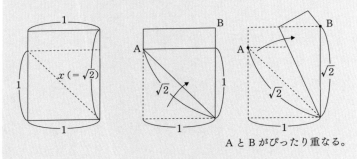

AとBがぴったり重なる。

図6

それでは、ここで、参考までに、$\sqrt{2}$が分数では表せない無理数であることの証明をしてみましょう。

少しだけ、中学の数学を超えるので、とばしてもかまいません。

$\sqrt{2}$が有理数であると仮定します。ここで、m、nを正

の整数、$\dfrac{m}{n}$ が既約分数（分子と分母が公約数をもたない）で

あるとすれば、

$$\sqrt{2} = \dfrac{m}{n} \qquad \cdots\cdots ①$$

両辺を二乗すると、

$$2 = \dfrac{m^2}{n^2}$$

これより、

$$2n^2 = m^2 \qquad \cdots\cdots ②$$

左辺は 2 の倍数なのですから偶数、したがって右辺も偶数、ゆえに、m も偶数であるから、

$$m = 2k \qquad (k \text{ は任意の正の整数}) \cdots\cdots ③$$

とおいて、③を②に代入すれば、

$$2n^2 = 4k^2$$

両辺を 2 で割れば、

$$n^2 = 2k^2$$

よって、n は偶数。これは、$\dfrac{m}{n}$ は約数をもたないという仮定

に反するので、$\sqrt{2}$ は有理数ではない、ということになりま

木曜日

す。背理法による証明ですね。

☆　偶数 m は、k を任意の正の整数とすれば、$m = 2k$、これを二乗すれば、$m^2 = 2^2 k^2 = 2\,(2k^2)$ となるので、偶数の二乗は偶数であることがわかる。

第 4 章　二次方程式

4-3　二次方程式を解いてみよう

　では、ここで、二次方程式、

$$ax^2 + bx + c = 0 \qquad \cdots\cdots①$$

を解いてみましょう。

　定数項を移項して、

$$ax^2 + bx = -c$$

各項に $4a$ をかけて、

$$4a^2x^2 + 4abx = -4ac$$

両辺に b^2 を加えて、

$$(2ax)^2 + 4abx + b^2 = -4ac + b^2$$

$$(2ax + b)^2 = b^2 - 4ac$$

$$2ax + b = \pm\sqrt{b^2 - 4ac}$$

$$2ax = -b \pm\sqrt{b^2 - 4ac}$$

$$x = \frac{-b \pm\sqrt{b^2 - 4ac}}{2a}$$

117

木曜日

がえられます。これを「根の公式」といいます。すなわち、式①を満足させる答え（根といいます）です。

これは、$y = ax^2 + bx + c$ をグラフにしたときに、その曲線が、x 軸と交わる（x 軸をきる、といいます）点の x 座標をあらわしています。

　ここでひとつの例として、方程式

　　$x^2 = 1$

すなわち、

　　$x^2 - 1 = 0$

を、「根の公式」に入れて解いてみると、$a = 1$、$b = 0$、$c = 1$ ですから、$x = 1$　あるいは　$x = -1$ がえられます。これは、$x^2 - 1$ を因数分解して、

　　$x^2 - 1 = (x + 1) \cdot (x - 1) = 0$

であるとすれば、（　）の中の x が1であるか、あるいは、-1 のときに、$x^2 - 1$ の値が0になることからもわかりますね。

　それでは、$x^2 + 1 = 0$　の因数分解はできるのでしょうか。そのためには、

$$\begin{aligned}
&(x^2 + 2x + 1) - 2x \\
&= (x + 1)^2 - 2x \\
&= (x + 1)^2 - (\sqrt{2\,x})^2 \\
&= (x + \sqrt{2\,x} + 1)(x - \sqrt{2\,x} + 1)
\end{aligned}$$

のように平方根を使えば因数分解が可能です。

つぎに、

$$x^2 + 1 = 0$$

の解はあるのでしょうか。この式は、書き直せば、$x^2 = -1$ になりますが、これまでのところ、どのような数でも二乗すれば、＋になるのですから、この式を満足させる解は、ないということになります。そこで、$x^2 + 1 = 0$ を「根の公式」にいれて計算してみることにしましょう。この式を二次方程式の一般形 $ax^2 + bx + c = 0$ として考えれば、$a = 1$、$b = 0$、$c = 1$ ということですから、

$$x = \pm \frac{\sqrt{-4}}{2}$$

になります。ここで、困ったことに、$\sqrt{-4}$ とは、二乗すると -4 になる数のことですから、これまでの考え方では存在できない数になります。

しかし、数学は全体の論理が通ってさえいれば、自由なのです。そこで、二乗すると -1 になる数を想像することにして、その数を i で表し、「虚数」とよぶことにします。

i は、英語の "imaginary（想像上の）" からとられた文字です。そこで $i = \sqrt{-1}$ を使えば、

$$i^2 = -1$$

ですから、さきほどの式の $\sqrt{-4}$ は、$\sqrt{i^2 \cdot 2^2} = \sqrt{(2i)^2} = 2i$ になりますから、

$$x = \pm i$$

がえられます。

　実は、この虚数と実数を組み合わせることによって、方向をもった量を表せることもわかってきました。たとえば、

$$z = 2 + 3i$$

というような数を考えます。これを「複素数」とよんでいます。そこで、横軸に実数、縦軸に虚数をもつような直交座標系を書いてみましょう。　そこに、この数をおいてみると、図7のようになります。

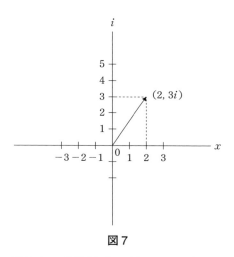

図7

実数軸上の値が 2、虚数軸上の値が $3i$ です。この数字の組で表される z という量を原点 0 から斜め上に向かう矢印で表わすことにしましょう。もし、この z に i をかけると、

$$z \cdot i = 2i + 3i^2$$
$$= -3 + 2i$$

になりますから、この量を、あらためて z' にすれば、図8のように、z が、反時計まわりに原点を中心として 90 度、回転したことになります。もういちど z' に i をかけると、さらに 90 度回転して、反対方向を向くことになります。つまり、虚数 i は、空間の回転を表わす性質があるのです。このように「複素数」を使うことによって、複雑な運動を簡単

に表現することができるようになったわけです。

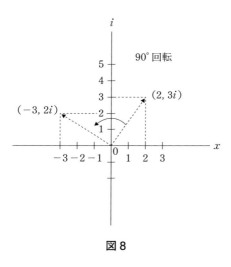

図 8

第 4 章　二次方程式

木 曜 日 の ま と め

(1)　$y = ax^2 + bx + c$ で表される x の関数を二次関数とい
　　い、そのグラフが x 軸と交わる x の値を与える $ax^2 +$
　　$bx + c = 0$ を二次方程式といいます。

(2)　二次関数をグラフにしたものを二次曲線といい、「放
　　物線」ともいいます。

(3)　二次方程式 $ax^2 + bx + c = 0$ の根（方程式を満足する
　　x の値）は、二つあり、

$$x = \frac{-b \pm \sqrt{b^2 - 4ac}}{2a}$$

　　で与えられます。

(4)　二次方程式の定数、a、b、c の値によっては、根のル
　　ートの中が負の値になることがあります。そこで、虚
　　数 i（$= \sqrt{-1}$）を導入します。

(5)　実数 a、b と虚数から構成される数 z を導入します。

123

$$z = a + bi$$

です。これを「複素数」といいます。x軸に実数aを、y軸に虚数biを対応させた座標面を、複素数平面（ガウス平面☆）といい、複素数は、この平面上では、方向を示す性質をもつ新しい数になります。大きさと方向を兼ね備えたものを"ベクトル"といい、複素数はベクトルを示す量です。

☆　ドイツの大数学者ガウス（J. F. Gauss, 1777-1855）にちなんで命名された。ガウスは数学だけでなく、天文学、物理学のほとんどの分野に大きな影響を与えた古今東西、世紀を超えた大天才だといわれている。

(6) これまでに学んだ数の体系をまとめると次のようになります。

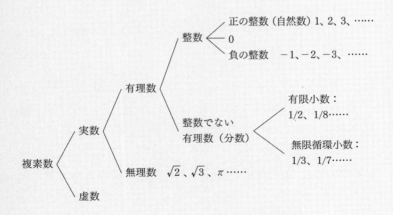

ここで、　　有理数：$\dfrac{p}{q}$（p, q は整数で $q \neq 0$）で表される数。

無理数：$\dfrac{p}{q}$（p, q は整数で $q \neq 0$）で表すことができない数。

美宙(MISORA)天文台にて
(撮影:佐藤アキラ)

第 5 章
三平方の定理
──金曜日

北緯44度06分07秒でみつけた雪の記憶

5-1 ピタゴラスの定理

　数ある数学の定理のなかで、最も有名なものは「三平方の定理」でしょう。古代ギリシャ時代の数学者、ピタゴラス（Pythagoras, BC590 頃 -BC510 頃）が発見したと伝えられていて「ピタゴラスの定理」とも呼ばれていますが、その真偽ははっきりしていません。ピタゴラスは、"万物の根源"には自然数があるとして、数と図形との間にある関係について研究を進めていたことで知られています。

　さてその定理とは、1つの角が直角である三角形（直角三角形）において、斜辺の長さを c、他の2辺の長さを a、b とすると、$a^2 + b^2 = c^2$ になる、という定理です。

　まず、図1のように、3辺の長さが a、b、c である直角三角形を4つ並べると、その外側も内側も正方形になります。すると内側の正方形の面積は c^2 であり、外側の正方形の面積は $(a + b)^2$ ですから、そこから、4つの三角形の面積 $4 \times \dfrac{ab}{2}$ を引けば、c^2 になります。すなわち、

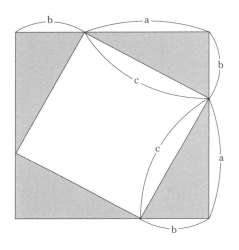

図1

$$c^2 = (a+b)^2 - 4 \times \frac{ab}{2}$$
$$= a^2 + 2ab + b^2 - 2ab$$
$$= a^2 + b^2$$

この場合、$a^2 + b^2 = c^2$ を満たす三つの自然数、a、b、c の組を「ピタゴラス数」とよんでいます。最も簡単な「ピタゴラス数」は、(3, 4, 5)、(5, 12, 13) などからはじまって、無限個、存在します。その理由は、つぎのようにして求められます。

第5章　三平方の定理

$$(a - b)^2 + 4ab = (a + b)^2$$

において、$a = m^2$、$b = n^2$ とおけば、上の式は、

$$(m^2 - n^2)^2 + (2mn)^2 = (m^2 + n^2)^2$$

になりますから、m、n を自由に選べば、好きなだけ「ピタゴラス数」をみつけることができます。ちなみに、$m = 2$、$n = 1$ とおけば、$(3, 4, 5)$、$m = 3$、$n = 2$ とおけば、$(5, 12, 13)$ などが得られます。

　ところで、三角定規には2種類あることは知っていますね、ひとつは、三つの内角が、90°、45°、45°の直角二等辺三角形です。ここで、直角をはさむ2つの辺の長さが1であるような直角三角形を考えると、それは1辺の長さ1の正方形を対角線で切った形になっています（図2）。

131

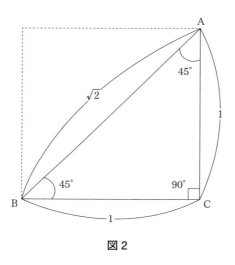

図2

三平方の定理から、

$$(\overline{AB})^2 = (\overline{AC})^2 + (\overline{BC})^2$$
$$= 1^2 + 1^2 = 2$$

となり、

$\overline{AB} > 0$ ですから、$\overline{AB} = \sqrt{2}$

になります。このように、直角をはさむ二辺の長さが等しいすべての直角三角形では、

「直角をはさむ2辺の長さ：斜辺の長さ＝1：$\sqrt{2}$」

が成り立ちます。ここで $\sqrt{2}$ ＝ 1.41421356……（一夜一夜に人見ごろ）です。

　もう1つの三角定規は、3つの内角が、90°、60°、30°の直角三角形です。

　この三角形は、1辺の長さが2であるような正三角形を、1つの頂点から対辺に引いた垂線によって半分に切った図3に示すような直角三角形 ABC として考えることができます。

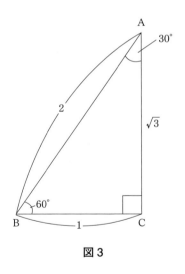

図3

　三平方の定理から、

金曜日

$$(\overline{AC})^2 = (\overline{AB})^2 - (\overline{BC})^2$$
$$= 2^2 - 1^2 = 3$$

となり、

$\overline{AC} > 0$ ですから、$\overline{AC} = \sqrt{3}$

になります。したがって、この三角定規では、

30°の対辺の長さ：60°の対辺の長さ：90°の対辺の長さ
$= 1 : \sqrt{3} : 2$

が成り立ちます。 ここで $\sqrt{3} = 1.7320508\cdots\cdots$（人並みにお
ごれや）です。

第5章 三平方の定理

5-2 円周率（π）の不思議

　三平方の定理と並んで、人類の文明が始まって以来、人々の関心を集めてきたのが、この円周率、つまり円の直径と円周の長さの比です。円周率の記号としてギリシャ文字のπが使われているのは、「まわり」という意味のギリシャ語 περιφέρεια（英語では periphery）に由来しています。

　さて、このπの値を計算するのに、古来、使われたのが三平方の定理でした。直径1の円に内接する多角形の辺の数を多くしていくことで、その多角形の外周の長さが、限りなく円周の長さに近づいていくと考えたのです。

　まず直径1の円に内接する正方形を考えましょう。ここで、"円に内接する"とは、"多角形のすべての頂点が円周上にある"ことをいいます。図4のように、この正方形の外周の長さ L は、

$$L = \frac{1}{\sqrt{2}} \times 4$$

分母、分子に $\sqrt{2}$ をかけると、

135

$$L = \frac{4 \times \sqrt{2}}{\sqrt{2} \times \sqrt{2}}$$
$$= \frac{4 \times \sqrt{2}}{2}$$
$$= 2 \times \sqrt{2}$$
$$= 2.828\cdots\cdots$$

この正方形は円周の内側にありますから、円周の長さπよりも小さいはずです（図4）。

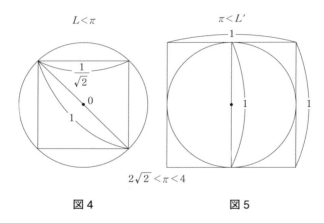

図4　　　　　　　図5

つぎに、図5のように、直径1の円に外接している正方形を考えましょう。ここで、"円に外接する"とは、"多角形のすべての辺が同一の円周に接する"ことをいいます。その正方形の外周の長さL'は、

第5章　三平方の定理

$$L' = 4$$

になりますが、これは円周の外にありますから、円周の長さ π よりも大きいはずです。したがって、

$$L' > \pi > L$$

すなわち、

$$4 > \pi > 2.828\cdots\cdots$$

になります。

　では、つぎに直径1の円に内接する正六角形と外接する正六角形を考えましょう。図6のように、三平方の定理を使うことによって、

$$2\sqrt{3}\ (= 3.464\cdots\cdots) > \pi > 3$$

になります。

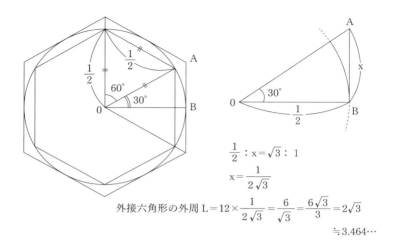

図6

　それにしても、コンパスで円を描き、そのコンパスを開いた幅、すなわち円の半径で、円周をくぎっていくと、ぴったり6つの区分に分割されるって、すごいですよね。はじめて、それに気づいた人は、神さまの御業だと思ったにちがいありません。

　同様に、正六角形の辺の数を2倍にした正十二角形が、直径1の円に内接している場合の外周の長さは、「フェルマータ・その6」に描いてあるように、

　　$0.2588\cdots\cdots \times 12 = 3.1058\cdots\cdots$

になります。

　このような計算を続けていけば、いくらでも、π に近い値がえられることになります。みなさんも、三平方の定理を使って計算してみたらいかがでしょう。

　このようにして、ギリシャ時代の数学者アルキメデス（Archimedes, BC287 頃 -BC212）は円に内接する正九十六角形の周の長さが帯分数 $3\frac{10}{71}$ よりも大きく、外接する正九十六角形の周の長さは帯分数 $3\frac{1}{7}$ よりも小さいことを確かめています。

　　　$3.1408\cdots\cdots < \pi < 3.1428\cdots\cdots$

　以上は、三平方の定理を使った古典的な方法ですが、そのほか、無限級数の理論をつかって、さらに手際よく計算できることがわかっています。

　このように、π は、どこまでも続く無限小数ですが、いくら計算しても、つぎにでてくる数がわからない「乱数」です。ということは、どんな並び方をしている数字の列も、どこかに必ず含まれていることになります。ちなみに、私の誕生年月 1935 年 1 月 31 日 を綴った 19350131 という数列は、80569859 桁から 80569866 桁目に現れています。また、音楽の旧約聖書とも言われている J. S. バッハの平均律クラヴ

ィーア曲集第1巻第1番ハ長調の冒頭の部分、ド、ミ、ソ、ド、ミ、ソ、ド、ミ、……の部分を、たとえば、13583058のような数列におきかえれば、これは、円周率πの34274728桁目から34274735桁目までに表れています。文章ならば、い、ろ、は、に、ほ、へ、と、ち、……を12345678に置き換えれば、この数列は、86557366桁目から86557373桁目までにちゃんと含まれています。

　こうして考えてみると、円周率πは、「なんでも知っている！」なんともすごい数なのですね。

　それでは、参考までに、100桁までのπの値を書いておきます。

$$\pi = 3.1415926535\ 8979323846\ 2643383279\ 5028841971$$
$$6939937510\ 5820974944\ 5923078164\ 0628620899$$
$$8628034825\ 3421170679 \cdots\cdots$$

第5章 三平方の定理

フェルマータ・その6
正十二角形の外周の長さ

直径1の円に内接する正十二角形の外周の長さLを計算してみましょう。

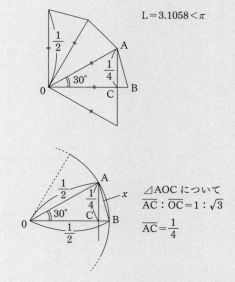

$L = 3.1058 < \pi$

△AOC について
$\overline{AC} : \overline{OC} = 1 : \sqrt{3}$

$\overline{AC} = \dfrac{1}{4}$

金曜日

△ABC について、

$$(\overline{AB})^2 = (\overline{AC})^2 + (\overline{BC})^2 = (\overline{AC})^2 + (\overline{OB} - \overline{OC})^2$$

$$= \left(\frac{1}{4}\right)^2 + \left(\frac{1}{2} - \frac{\sqrt{3}}{4}\right)^2$$

$$= \frac{1}{16} + \frac{1}{4} - 2 \times \frac{\sqrt{3}}{8} + \frac{3}{16}$$

$$= \frac{1}{16} + \frac{4}{16} - \frac{4\sqrt{3}}{16} + \frac{3}{16}$$

$$= \frac{8 - 4\sqrt{3}}{16} = \frac{4 - 2\sqrt{3}}{8}$$

$$\overline{AB} = \sqrt{\frac{4 - 2\sqrt{3}}{8}}$$

$$= \frac{\sqrt{4 - 2\sqrt{3}}}{2\sqrt{2}}$$

$$= \frac{\sqrt{3} - 1}{2\sqrt{2}}$$

$$= \frac{\sqrt{6} - \sqrt{2}}{4}$$

外周の長さ $L = 12 \times \overline{AB} = 12 \times \left(\frac{\sqrt{6} - \sqrt{2}}{4}\right)$

$$= 3 \times (\sqrt{6} - \sqrt{2}) \fallingdotseq 3.1058$$

5-3 おくれる時間
特殊相対性理論を垣間見る

ところで、物理学のまなざしで、宇宙を理解しようとするときに、避けては通れない学問分野のひとつに、相対性理論があります。A. アインシュタイン（Einstein, 1879-1955）によって作り上げられた理論です。そこでは、これまで考えられてきたように、絶対的に流れる時間の概念が否定されています。たとえば、静止している地上で測った時間と、動いている列車の中で流れている時間は同じではない、というのです。等速運動を取り扱う特殊相対性理論の立場から、お話ししましょう。そこでは、三平方の定理が大活躍します。

まず、相対性理論の大前提として、どのような状況でも光の速度は一定である、という「光速度一定」の原則から出発します。この原理は、イギリスの物理学者、A. A. マイケルソン（Michelson, 1852-1931）と E. W. モーリー（Morley, 1838-1923）によって、1887 年に実験的に確かめられています。なぜ、そうなのかは、謎ですが、とりあえず、現実は、そうなのだと信じるほかありません。

さて、床から天井までの高さが ℓ であるような列車が、左

から右に向かって速度vで走っているとします（図7）。

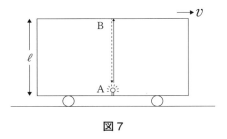

図7

そこで、床の一点Aに光源をおいて天井に向けて真上に光を出すと、その光は、天井につけられた鏡Bで反射され、ふたたびAに戻ってくるとしましょう。列車の中に乗っている人から見て、光が図7のA→B→Aのように進む時間Tは、光の速度をcとすれば、

$$T（列車）= \frac{2 \times \ell}{c} \quad \cdots\cdots ①$$

ℓについてとけば、

$$\ell = \frac{c \times T（列車）}{2} \quad \cdots\cdots ②$$

一方、この実験を地上にいる人から見ると、図8のように、光がAからBに進む間に、列車は左から右に鎖線の位置まで動いているでしょう。つまり、光はB′で鏡と出会い、反射されて床に戻る位置は、列車が点線の位置まで動いてA′になります。

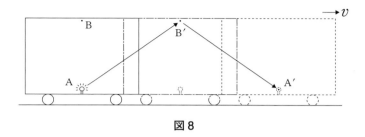

図8

ここで、光のみちすじを図9のように抜き書きしてみると、

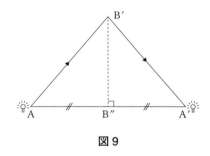

図9

列車は、一定速度で走っているので、B′から $\overline{AA'}$ におろした垂線 $\overline{B'B''}$ は $\overline{AA'}$ を2等分します。ここで、地上にいる人からみた光の往復時間を t（地上）とすると、底辺の長さ $\overline{AA'}$ は $v \times t$（地上）、B″は $\overline{AA'}$ の中点ですから、

$$\overline{AB''}(=\overline{A'B''}) = \frac{v \times t\,（地上）}{2}$$

一方、$\overline{B'B''}$ は ℓ に等しいので、②から、

$$\overline{\mathrm{B'B''}} = \frac{c \times T\,(列車)}{2}$$

ところで、$\overline{\mathrm{AB'}}$、$\overline{\mathrm{A'B'}}$ の長さは等しくて、光が t（地上）秒間に進む距離の半分ですから、

$$\overline{\mathrm{AB'}} = \frac{c \times t\,(地上)}{2}$$

ここで、三角形 AB'B" について三平方の定理をかけば、

$$\overline{\mathrm{AB'}}^{\,2} = \overline{\mathrm{AB''}}^{\,2} + \overline{\mathrm{B'B''}}^{\,2}$$

ですから、

$$\left(\frac{c \times t\,(地上)}{2}\right)^2 = \left(\frac{v \times t\,(地上)}{2}\right)^2 + \left(\frac{c \times T\,(列車)}{2}\right)^2$$

各項を 4 倍して、整理すると、

$$c^2 \times t^2\,(地上) - v^2 \times t^2\,(地上)$$
$$= c^2 \times T^2\,(列車)$$
$$(c^2 - v^2) \times t^2\,(地上) = c^2 \times T^2\,(列車)$$

両辺を c^2 でわって、平方根を求め、整理すると、

$$\frac{T\,(列車)}{t\,(地上)} = \sqrt{1 - \left(\frac{v}{c}\right)^2}$$

この式の右辺は、v が 0 でないかぎり、1 よりも小さくなりますから、

第５章　三平方の定理

　　T（列車）＜ t（地上）

になります。つまり、光が往復する時間を測った場合、地上
で数えた秒数よりも、列車内で数えた秒数のほうが少ないと
いうことです。これは、自分に対して走っている世界の時間
は、

$$\sqrt{1-\left(\frac{v}{c}\right)^2}$$

で表される割合だけ、ゆっくり流れているということになる
のです。これまでニュートンの考えが中心となってきた物理
学では、時間の流れは一定だと考えられてきたのですが、相
対性理論では、その人がおかれている世界の状態によって、
その世界固有の時間が流れている、と考えざるを得なくなっ
たのです。

　ところで、現在、使われているカーナビゲーションシステ
ム（GPS 全地球測位システム）は、地球上空２万 1000km を
公転している複数個の人工衛星と、自動車に搭載されている
システムが交信しながら、自分と衛星との距離を計算し、そ
こから自分の位置を割り出すシステムですが、この人工衛星
は、地上からみれば、ものすごい速度で動いているので、衛
星上での時間は、ゆっくり流れています。そのことを考慮し
た上で、自動車の位置計算をしないと、かなりの誤差がでて
しまいます。つまり、相対性理論が使われているということ
です。

147

金曜日

金 曜 日 の ま と め

　人類が誕生して以来、一番の関心事は、太陽や月に見られる「円」だったでしょう。その円の中に秘められている神秘が円周率でした。その計算に使われたのが、直角三角形についての「三平方の定理」です。円周の長さを計算するには、その円に内接、外接する正多角形の周の長さを求めてきたのですが、ピタゴラスは、正 n 角形の周の長さがわかっていれば、正 $2n$ 角形の周の長さを、「三平方の定理」を使って、平方根の計算だけで求める方法にも気づいていました。くわしいことは、本書では述べませんが、三平方の定理と円周率が深く結びついていることを覚えておきましょう。

　ここでは、海岸線に立って、海のどこまでが見えているのかを計算して、地球の大きさを実感することにとどめて、つぎに進むことにしましょう。

　まず、海辺の高さから目の位置が 150cm だとして計算してみましょう。図 10 のように、地球の半径を R、海辺から目の高さまでを h、見える水平距離を x とすれば、

148

第5章 三平方の定理

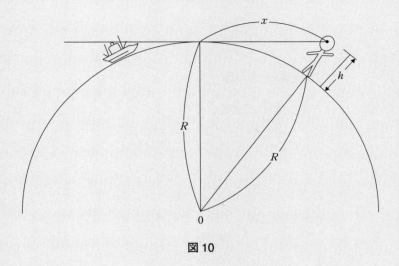

図10

三平方の定理から、

$$x^2 + R^2 = (R+h)^2$$

が成り立ちますから、これより、

$$x = \sqrt{(R+h)^2 - R^2} = \sqrt{2Rh + h^2}$$

h が R に対して十分に小さいとすれば、h^2 を無視してもあまり影響はないので、

$$x \fallingdotseq \sqrt{2Rh}$$

金曜日

　ここで、$R = 6400$（km）、$h = 0.0015$（km）を、いれれば、

$$x = \sqrt{2 \times 6400 \times 0.0015} = 4.38 \text{（km）}$$

がえられます。地球は球形をしているので、はるか遠くにいけばいくほど、水平線の下にもぐってしまうということなのですね。このことは、双眼鏡で、遠くから近づいてくる大型船をみていると、まず、マストの先端が見えて、それから船体が見えることや、10km くらい離れた対岸にある建物を見ると、一階部分が波の中に沈んで見えていたりすることからもわかります。こうして考えてみると、地球って、予想していたより小さいなって感じませんか？
ちなみに、水面上の高さ 30m 前後の大型船のブリッジから見える距離は、

$$S = \sqrt{2 \times 6400 \times 0.03} = \sqrt{384} \fallingdotseq 19.6 \text{（km）}$$

ほどになります。また、1 万 m の高空を飛ぶ飛行機では、およそ 358km くらいの視程があります。

第 **6** 章
でたらめの数学
――土曜日

時空をかけぬける魔法のひとみ
(アトリエ天文台)

第6章　でたらめの数学

6-1 「でたらめ」という名の規則

　この宇宙の中に存在するすべてのものは、原子や分子でできています。それらの粒子には、人間のような心はないと考えられますので、ひとつひとつの粒子たちの動きは、おそらく「でたらめ」でしょう。しかし、「でたらめ」であるからこそ、それらの粒子たちがたくさん集まると、全体の動きに規則が生まれてくることがあります。それが確率です。たとえば、コインを何度も何度も無心に投げると、表が出る回数と裏が出る回数は、同じ値に近づいていきます。ただし、コインは、表か裏かどちらかが出やすいようにつくられているのではなくて、表が出る可能性も、裏が出る可能性も、同じであると期待できる場合にかぎります。そのとき、投げられたコインの出方には表か裏かの2通りがあり、実際に出るのは、そのうちのどちらかです。この場合、コインの表が出る確率は $\frac{1}{2}$ 、裏が出る確率も $\frac{1}{2}$ である、といいます。つまり、1000回なげれば、その半分の500回が表、残りの500回は裏が出ると期待できるということです。1から6までの数字が書いてあるサイコロの場合は、すべての目のうちのどれか

153

が出る確率は $\frac{1}{6}$ です。もし6000回、振ったとすれば、そ
れぞれの目が出る場合の数は、1000回に近い数になるでしょう。

　ところで、私たち人間にとって、「でたらめ」な行動をとることは、とても難しいのです。0から9までの数字を「でたらめ」に書いてください、といわれても、書いているうちに、なんとなく、無意識のうちにも、規則性が出てくるものです。そこで、登場するのが乱数です。乱数とは、0から9までの数が出る確率が、どれも $\frac{1}{10}$ で、かたよりがない数列のことです。たとえば、0から9までの乱数列をつくりたいならば、0から9までの数字を書いたピンポン玉を10個用意して、箱の中に入れ、かきまぜた後で、ただ無心にとりだせばいいでしょう。1から100までの乱数がほしければ、1から100までの数字を書いたピンポン玉を100個用意して、同じようにすればえられるでしょう。

　それでは、ここで、一辺の長さが1であるような正方形を底面にもつ四角の箱をつくりましょう。そして、その底面に内接する円を描きましょう（図1）。

154

第6章　でたらめの数学

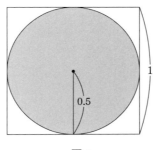

図1

　そこに、同じ大きさのビー玉を、無心に落として、それが、円の中に落ちるか、円が切り取られた正方形の四隅に落ちるかを記録する実験をしたとします。この箱の中のどこに落ちるかは、まったく決まっておらず、ただ、どの場所に落ちる割合も同じで、場所によってかたよりはないとします。すると、

$$円の面積 = \frac{円の中に落ちるビー玉の個数}{落としたビー玉の総数} \times 正方形の面積$$

になるでしょう。この実験では、正方形の面積は1、円の面積は $\pi \times (0.5)^2$ ですから、上の式は、

$$\pi \times (0.5)^2 = \frac{円の中に落ちたビー玉の個数}{落としたビー玉の総数} \times 1$$

となって、この実験から、

$$\pi = \frac{円の中に落ちたビー玉の個数}{落としたビー玉の総数} \div (0.5)^2$$

$$= \frac{円の中に落ちたビー玉の個数}{落としたビー玉の総数} \times 4$$

になります。こんな実験で、πの値が求められるというのも
面白いですね（図1）。

　ところで、とても不思議なことなのですが、円周率 π =
3.1415926……や $\sqrt{2}$ = 1.41421356……などの数は、どこま
でいっても終わりのない数です。その一方で、通常、私たち
が目にする多くの数は、2.5 とか 0.375 とか無限に数字が続
いてはいません。有限小数です。これらの数は、木曜日にも
お話ししましたが、例外なく、$\frac{整数}{整数}$ の形にすることができ
ます。2.5 は $\frac{25}{10}$、0.375 は $\frac{3}{8}$ といった具合です。これらを、
「有理数（rational number）」といいます。つまり、ratio（比）
で表される数という意味です。ところが、πや $\sqrt{2}$ は、整数
の比ではあらわすことができない数ということで、「無理数
（irrational number）」と呼んでいます。実は、数直線の上には、
すべての有理数と無理数が、乗っているということですね。
　さて、どこまでいっても終わることのない数としてのπ
や $\sqrt{2}$ を調べてみると、その長い数列に含まれる0から9ま

での数字が、ほとんど同じ頻度ででてくることがわかっています。たとえば、$\sqrt{2}$ の 3000 万桁までを書き出して、それぞれの数字が現れる個数を表にしてみると（表1）、

0	1	2	3	4
3000898	2999729	2997791	3001175	3002364

5	6	7	8	9
2997707	3003139	2996232	2999026	3001886

表1

になります。それぞれの数の出現回数は、ほとんど 300 万回です。ということは、0 から 9 までの数が、万遍なく出現しているということです。しかも、小数部分がある場所で終わりになったり、循環したりしないということですから、ほとんど、「でたらめ」にでていると考えてもいいでしょう。

円周率 π の 10 億桁についても調べてみると、それぞれの数字がでてくる頻度は（表2）、

0	1	2	3	4
99993942	99997334	100002410	99986911	100011598

5	6	7	8	9
99998885	1000010387	99996061	100001839	100000273

表2

10 億桁のうち、0 から 9 までの数が、およそ 1 億回ずつ現れていて、しかも循環していません。ということは、この数

列の並びが、ほとんど「でたらめ」に近いことを意味しています。つまり「乱数」です。いいかえれば、金曜日の授業でお話ししたように、これらの数列の中には、あらゆる組み合わせをもつすべての有限数列が含まれていると考えていいでしょう。

　ところで、私たちは、生涯を通じて、いろいろの出来事に遭遇したり、たくさんの人との出会いがあります。また、あることを行うべきか、やめるべきか、迷うことがたくさんあります。人生やってみないとわからない、五分五分だ、などといわれます。でもほんとうにそうでしょうか。

　かつて、松下電器産業株式会社（現在のパナソニック）の創業者、松下幸之助翁とお会いしたときに、「やってみなければわからない、と思う場合には、やってみなさい」と言われたことがあります。このことを、数学の立場から考えてみましょう。今、あなたが、グー、チョキ、パーを、順にだしたときに、相手が、まったくでたらめにグー、チョキ、パーをだしたとして、いわゆる「あいこ」にならない場合の数を考えてみましょう。あなたと一度も、「あいこ」にならない相手の出し方は、チョキ、パー、グーか、あるいは、パー、グー、チョキの２通りです。
　その一方で、相手が最初にだすのは、グー、チョキ、パーのどれかで３通りです。２番目にだすのは、最初に出さなか

った残りの 2 通りです。最後は、残った 1 通りです。つまり全部で 3 × 2 × 1 ＝ 6 通りの出し方があり、その中で、「あいこ」にならないのは 2 通りですから、その確率は $\frac{2}{6}$ ≒ 0.33、ということは、「あいこ」になる確率は、$\frac{4}{6}$ ≒ 0.66 です。つまり、私たちの普通の感覚では、「あいこ」になるか、ならないか、は五分五分、いいかえれば、「あいこ」になるのは、2 通りのうち、1 通り、いいかえれば、$\frac{1}{2}$ ですから、確率 0.5 だと考えがちです。しかし、数学的には、0.66 の確率で、「あいこ」になるというのです。出会いを大切にすることによって、幸せに出会う確率は、いちかばちか、五分五分だというのではなく、それよりも大きい確率になるということですね。

フェルマータ・その7
円周率と乱数

　コインをでたらめに投げたとき、表がでるか、裏がでるか
は、まったく予想できません。しかし、どちらがでるかの確
率は $\frac{1}{2}$ ですから、投げる回数が多くなればなるほど、表が
でる回数と裏がでる回数は同じ値に近づくでしょう。

　さきほど、6-1 節でお話ししたように、円周率も、10 億桁
まで書き出して、0 から 9 までの数がでてくる回数を調べて
みると、ほとんど同じで、それぞれが 1 億回に近い数字で
すから、0 から 9 までの数がまんべんなくでてくるという意
味で、全体の偏りがないとみてよさそうです。いいかえれば、
でてくる数の並びには規則性がなく、ある数のつぎにでてく
る数は、偶然にきまりますからきちんと予測はできません。
そのような数列を「乱数列」といいますが、円周率もそのひ
とつであると考えてもよさそうです。そこで、円周率の最初
の数、

　　3.14159……

の奇数を「表」、偶数を「裏」とすれば、この数列は、コイ
ン投げをした場合の、

表、表、裏、表、表、表、裏、……

に対応すると考えてもさしつかえないでしょう。この性質を
利用すると、たとえば、50人の人のなかからまったくでた
らめに6人の人を選ぶ方法がみつかります。まず、50人の
人に1から50番まで番号付けします。そして円周率を2桁
ずつ区切ってかきだします。

　31 / 41 / 59 / 26 / 55 / 35 / 89 / 79 / 32 / 38 / 46 / ……

そして51より大きな数をとばして、前から6個の数字をえ
らべばいいのです。

　31、41、26、35、32、38

　これが、まったく偶然に選ばれた番号です。もちろん、円
周率の何桁目からはじめてもかまいません。この場合、何桁
目からはじめるかということの決定や、さらに、1番から
50番までの番号付けにも、この乱数列をつかえば、「でたら
めさ」の度合いは強くなります。実際には、コンピューター
でつくられた「乱数表」というものができていて、それが使
われています。

　また、乱数と思われることのなかから情報を拾い上げるこ
ともできます。たとえば、英語の文章は、aからzまでの
26文字のアルファベット、ピリオドなどが並んだものです

が、その中にでてくる文字の頻度を調べてみると、「e」という文字が一番多くて、それに続くのが、a、o、i、d、h、n、r、s、t、u、y、c、f、g、l、m、w、b、k、p、q、x、z、……だといわれています。

　このことから、たとえば、ある意味不明の記号が並んでいるとき、同じ記号がでてくる頻度を調べてみれば、そこから英語で書かれた文章が浮かび上がってくるかもしれません。

　もし、すべての記号が同じ割合ででてきたとすれば、それは、でたらめで、意味のない記号の羅列だということになるでしょう。

　また、同じ記号が２つ続いて書かれている文字列が多くみられたとしたら、それは、meet、fleet、speed、seen 、been、agree、……などのどれかの単語を示しているのかもしれません。

　このように、暗号解読には、でたらめのなかにいかに意味を見出すかという研究が欠かせないのです。逆にいえば、これは、情報がもれることを防ぐための研究だともいえます。

第6章 でたらめの数学

6-2 確率を考える

　ものごとの起こりやすさを示すのに、「確率」という考え方があることをお話ししましたが、ここで、あらためて確率について考えてみましょう。「確率」には、二通りあって、そのひとつが「統計的確率」です。これは、膨大な統計的資料から求めるもので、ある製品の中で、不良品ができる割合などから、不良品の発生する割合などを推計するときに使う確率です。あるいは、生まれてくる新生児の性別の割合などの統計から、男女比がどのように変わってきているかなどを推測する資料になるようなものです。もうひとつは、数学的確率です。たとえば、コインを投げるとき、オモテが出る割合と、ウラが出る割合は、それぞれ半分くらいの「確からしさ」をもっています。それは、多数回、投げると、オモテとウラが出る回数が、投げた回数のほぼ半分になることから推測されます。この場合、投げられたコインのオモテが出る可能性も、ウラが出る可能性も同じだと考えて、コインのオモテ（ウラ）が出る確率は $\frac{1}{2}$ である、というのです。サイコロを投げたときも、1から6までのすべての目が出る可能性が同じような確からしさであるとすれば、たとえば、その中

163

の特定の目が出る可能性は、起こりうる6通りの結果のうち、1通りということで、確率は $\frac{1}{6}$ だというのです。つまり、起こりうるすべての場合が n 通りあって、それらのどの場合も、同様の確からしさで起こるとしたとき、そのなかのある事柄が起こる場合が m 通りあるとき、それが起こる確率 p は、

$$p = \frac{m}{n}$$

であると定義します。

それでは、コインを3回投げて、3回とも表が出る確率を図2で考えてみましょう。

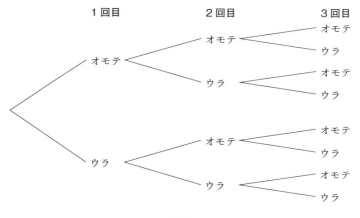

図2

場合の数は、全部で8通りです。その中で、3回とも表になる場合は1通りだけです。つまり、その確率は $\frac{1}{8}$ です。これを1回投げたときに表が出る確率は $\frac{1}{2}$ ですから、3回投げれば、

$$\frac{1}{2} \times \frac{1}{2} \times \frac{1}{2} = \frac{1}{8}$$

だと考えることができます。つまり、2つ以上の出来事が、たがいに無関係に起こる場合（独立事象といいます）の確率は、それぞれの出来事が起こる確率の積になるということです。たとえば、コインとサイコロを同時に投げて、コインが表、サイコロの目が2になる確率は

$$\frac{1}{2} \times \frac{1}{6} = \frac{1}{12}$$

になります。

　ところで、話は飛びますが、厚生労働省が公表している生命表という2017年の統計を見ると、男性の場合、0歳児が90歳まで生きる確率 $P(0-90)$ は0.258、65歳まで生きる確率 $P(0-65)$ は0.894だと書いてあります。このことから65歳の人が90歳まで生きる確率 $P(65-90)$ を求めてみましょう。0歳から90歳まで生きるには、まず、65歳まで生きなければなりません。したがって、0歳から90歳まで生きる確率は、（65歳まで生きる確率）×（65歳から90歳

まで生きる確率）になります。

$$P(0 - 90) = P(0 - 65) \times P(65 - 90)$$

したがって、

$$P(65-90) = \frac{P(0-90)}{P(0-65)}$$
$$= \frac{0.258}{0.894}$$
$$\fallingdotseq 0.289 > 0.258$$

なんと、65歳の人が90歳まで生きる確率の方が、0歳の新生児が90歳まで生きる確率よりも大きいということがわかります。いいかえれば、「長生きのコツとは、少しでも長く生きることである」ということになります。長生きには、これまで生きてきた実績が積み重なっているということのようですね。

　それでは、ここでもうひとつ。お友達と話をしていて、偶然、誕生日が同じだったときの驚き、みなさんも経験があるでしょう。あるいは、とても尊敬する人と誕生日が同じだったりすると、なにか、うれしい気分になったりもします。まず、必ず起こる場合の確率は1（＝100%）、絶対に起こらない場合の確率は0（＝0%）ですから、

　（ある出来事が起こる確率）
　　　＝1－（その出来事が起こらない確率）

166

が成り立つことを頭にいれておきましょう。まず、問題を簡単にするために1年を365日であるとします。誰かに出会って、自分の誕生日とその人の誕生日が違う場合の確率は $\frac{364}{365}$ です。なぜならば、相手の誕生日は、自分の誕生日とは異なる $365 - 1$（$= 364$）通りの日のどれかだからです。したがって、同じ誕生日になる確率は、

$$1 - \frac{364}{365} = 0.002739\cdots$$

でかなり低い値です。それでは、2人目、3人目と誕生日を聞いていって、はずれる確率は、

$$\frac{364}{365} \times \frac{363}{365}$$

ですから、3人目の人と誕生日が同じになる確率は、

$$1 - \frac{364}{365} \times \frac{363}{365} = 0.0082\cdots$$

このようにして23人までの人に聞いていったとすると

$$1 - \frac{364}{365} \times \frac{363}{365} \times \frac{362}{365} \times \cdots$$

$$\cdots \frac{343}{365} = 0.5073\cdots$$

つまり、この場合は、確率 $\frac{1}{2}$ でおなじ誕生日の人がいるということになります。

土曜日

　もし、60人の人に順次、たずねていくとした場合には、各項の分子を364から306までにして同じように計算すると、少なくとも同じ誕生日の1組がいる確率は、なんと0.9941になります。私たちが、ふつうに感じているよりも、ずっと大きい確率で、同じ誕生日の人がいるということですね。
　このように数学の面白さは、普段、私たちが感覚的に考えていることが間違いだということを教えてくれるところにあるともいえます。
　たとえば、くじ引きでも、最後に残ったくじをひくよりも、最初に引いたほうがあたりそうな気がするのですが、それは、引く順序に関係なく、くじに当たる確率は同じです。10本の中に3本だけあたりくじがある場合について、図3を見て考えてみてください。
☆→p.174

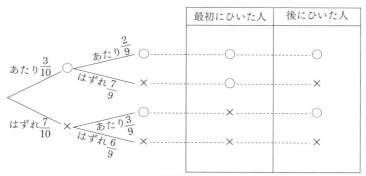

くじをひく順番に関係なく、あたる確率は同じである

図3

168

6-3 でたらめ歩きの数学

　今、平面上にX、Y座標をとり、その原点Oから、歩幅1の長さで、まったく予想もできない方向に、でたらめ歩き（ジグザグ歩き）をする場面を想像してください。そしてN歩、歩いたとき、もっとも確からしい原点Oからの距離を求めてみましょう。これは、数学の世界で「でたらめ歩き（randam walk）問題」として、よく知られていますが、ここでは、内容をわかりやすく書き換えてお話しすることにしましょう（図4）。

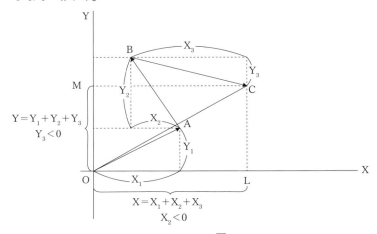

図4

土曜日

　まず、図4を見てください。1歩目の位置をAとすれば、この一歩で進んだ距離は、$\overline{\text{OA}} = 1$、これをX軸のプラス方向にX_1、Y軸のプラス方向にY_1だけ移動したとします。2歩目でBまで移動したとすれば、$\overline{\text{AB}} = 1$で、今度は、X軸のマイナス方向にX_2、Y軸のプラス方向にY_2だけ移動したことになります。3歩目の移動は$\overline{\text{BC}}$で、X軸のプラス方向にX_3、Y軸のマイナス方向にY_3だけ移動したとします。

　このように考えていくと、3歩目のCは、原点Oからみて、X方向に「$X_1 + X_2 + X_3 = \overline{\text{OL}}$」、Y方向に「$Y_1 + Y_2 + Y_3 = \overline{\text{OM}}$」だけ移動したことになります。ここで、$X_2$と$Y_3$はマイナスの値です。この場合、3歩目に到達したCの原点からの距離$\overline{\text{OC}}$は、三平方の定理によって、

$$\text{OC}^2 = \text{OL}^2 + \text{OM}^2$$

そこで、N歩目の位置は、N番目の移動距離を、X_N、Y_Nとすれば、原点Oからの距離をRとして、

$$R^2 = (X_1 + X_2 + \cdots\cdots + X_N)^2$$
$$+ (Y_1 + Y_2 + \cdots\cdots + Y_N)^2$$

Xを含む部分の（　）を展開して、

$$(X_1 + X_2 + \cdots\cdots X_N) \times (X_1 + X_2 + \cdots\cdots X_N)$$
$$= X_1{}^2 + X_1 X_2 + \cdots\cdots X_1 X_N + X_2{}^2 + X_1 x_2 +$$

170

$$\cdots\cdots + X_N{}^2$$

ここで、Xの値は、でたらめ歩きなので、あるときはプラス、あるときはマイナスになりますが、それは、半分半分起こっていると考えてもいいでしょう。そうすると、$X_1 X_2$のような掛け算は、全体として打ち消しあっている可能性が高くなります。さらに、$X_1{}^2$、$X_2{}^2$……は2乗しているので、つねにプラスであり、その大きさを平均的にみてX^2であるとすれば、

$$X_1{}^2 + X_2{}^2 + \cdots\cdots + X_N{}^2 = NX^2$$

Yに関しても同様に考えれば、

$$R^2 = N(X^2 + Y^2)$$

すなわち、

$$R = \sqrt{N} \cdot \sqrt{X^2 + Y^2}$$

この場合$\sqrt{X^2 + Y^2}$は、三平方の定理によって、一歩の歩幅（＝1）であると考えてよいので、

$$R = \sqrt{N}$$

が得られます。もし、単位の歩幅1で、でたらめに100歩、歩いたとすれば、最初にいた地点から、10歩の歩幅で到達できる範囲のどこかにいるということです。ただし、この推

論は、どこにいるかを正確に計算するものではなく、もっとも可能性の大きい居場所を推測するものです。

　この現象は、1827年にイギリスの植物学者R. ブラウン（Brown, 1773-1858）によって発見されたブラウン運動の数学的モデルです。ブラウンは、水を吸って破裂した花粉から飛び出す小さな粒子が、水中で、激しく動くことを顕微鏡で観察して発見したもので、「ブラウン運動」などと呼ばれています。

　このように小さな粒子が、衝突を繰り返しながら周囲に広がっていくことを「拡散」といっていますが、水の中に一滴たらした墨汁が広がっていくのも、香水の香りが周囲に広がっていくのも、同じ現象です。

　実は、太陽の光は、その中心部で起こっている核融合反応（水素4個からヘリウム1個をつくる）によって生み出されています。この場合、光も粒子の性質をもっていて（光子：フォトン）、中心部の密度が大きいために、1cmくらい走ると周囲の粒子と衝突してしまいます。ところで、太陽の半径は、およそ70万km（= 70000000000cm = 7×10^{10}cm）ですから、中心部から表面に達するまでは、さきほどの「でたらめ歩き」の考え方から $(7 \times 10^{10})^2$（≒ 5×10^{21}）回、衝突をくりかえさなければなりません。光の速さは毎秒30万km（=

30000000000cm/秒）ですから、1cm 進むのに、$\dfrac{1}{30000000000}$ 秒（≒ 3×10^{-11} 秒）かかります。これは、衝突と衝突との間の時間になります。

このことから、太陽の中心で生まれた光の子どもたちが、太陽の表面までたどりつくには、

$$(3 \times 10^{-11})\ \text{秒} \times (5 \times 10^{21}) = 1.5 \times 10^{11}\ \text{秒}$$

ここで、

$$1\ \text{年} = 60 \times 60 \times 24 \times 365\ \text{秒}$$
$$= 31536000\ \text{秒}$$
$$≒ 3 \times 10^7\ \text{秒}$$

ですから、光の子どもたちが、表面まででてくるまでの時間 T は、

$$T = \frac{1.5 \times 10^{11}}{3 \times 10^7} = 5000\ \text{年}$$

ということになります。つまり、今、私たちのところに降り注いでいる太陽の光は、生まれてから 5000 年かけて太陽の表面までしみだしてきて、そこから 1 億 5000 万 km の距離にある地球に 8 分 20 秒（$\dfrac{1億5000万km}{30万km／秒} = 500\ \text{秒}$）かけてた

173

土曜日

どりついたということです。いいかえれば、今、ここに届いた太陽光は、今から5000年と8分20秒前に誕生した光だということになりますね。

☆　排反事象の確率について（p.168の追加解説）

P、Qという二つのできごとがあり、これらが同時に起こらないとき（排反事象といいます）、PまたはQが起こる確率は、それぞれが起こる確率の和になります。

　たとえば、コインを投げでは、「表」、「裏」が同時にでることはありませんから「排反事象」です。この場合、表、裏がでる確率はそれぞれ $\frac{1}{2}$、したがって、表または裏がでる確率は

$$\frac{1}{2}+\frac{1}{2}=1$$

となって、表か裏かのどちらかが必ず起こるということになります。

　p.168のくじ引きの例では、最初にクジを引いた人が当たる確率は $\frac{3}{10}$ です。後に引く人が当たる確率は、最初の人が当たっている場合には、独立事象ですから、最初の人が当たって、後の人が当たる確率の積になります。

$$\frac{3}{10}\times\frac{2}{9}=\frac{6}{90}=\frac{1}{15}\qquad\cdots\cdots①$$

　つぎに、最初の人がはずれた場合は、

$$\frac{7}{10}\times\frac{3}{9}=\frac{21}{90}=\frac{7}{30}\qquad\cdots\cdots②$$

後に引いた人が、当たるには、この二通りのいずれかですから、その確率は、①と②の和になり、

$$\frac{1}{15}+\frac{7}{30}=\frac{3}{10}$$

となって、最初にクジを引いた人と同じ確率になりクジを引く順番とは無関係であることがわかります。

第 6 章　でたらめの数学

フェルマータ・その 8
コーヒーカップになぜ
スプーンが添えられるのか

　p.153 でもお話ししたように、私たちの世界は、原子や分子
からできています。原子や分子もまた、陽子、中性子、電子
などのような素粒子からできています。その素粒子たちも、
けっして姿を見せないクォークなどの基本粒子からできてい
るようです。クォークまで、さかのぼらなくても、宇宙はお
よそ 10^{80} 個くらいの粒子がくっついたりはなれたりしなが
ら、動き回り、すべての物質が生まれたり、消滅したりして
いるようです。そこで、それらの粒子には、私たちのような
心がありませんから、ただ無心に、動いているのでしょう。
だからこそ、確率という法則が存在するのです。

　それでは、ここで、「でたらめ」という立場から、コーヒ
ーカップには、なぜ、スプーンが添えられているのかについ
て考えてみましょう。スプーンは、ミルクや砂糖を入れた場
合、まぜるための道具ですが、それでは、なぜ、撹拌しなけ
ればならないのでしょうか。この理由を、「でたらめ歩き」
の理論を使って考えてみましょう。まだ、中学校では学んで
いないところも少しだけでてきますが、そこはスキップして、

175

考え方だけ理解していただければ、それで十分です。

　まず、コーヒーカップの中には180ccのコーヒーが入っているとします。その中に入っている水の分子の数は、およそ 6×10^{24} くらいです。これだけの数の分子が180ccの体積の中に入っているのですから、ひとつの分子が占める体積は、およそ、

$$\frac{180}{6 \times 10^{24}} = 30 \times 10^{-24}$$

立方体の体積とは、縦、横、高さを掛け合わせたものですから、その一辺の長さ、すなわち、隣り合う分子間の距離は、その3乗根であるとすれば、

$$\sqrt[3]{30 \times 10^{-24}} \fallingdotseq 3 \times 10^{-8} (\text{cm})$$

これが一回の衝突で進む距離です。

　ところで、砂糖やミルクの分子は、少なくともカップの中で3cmは移動しないと、カップ全体にはいきわたりません。すなわち、1回の衝突で進む距離の

$$\frac{3\,\text{cm}}{3 \times 10^{-8}\,\text{cm}} = 10^{8} \text{倍}$$

だけ広がる必要があります。ということは、その距離を進むには、「でたらめ歩き」の理論から、$(10^{8})^{2}$（$= 10^{16}$）回だけ衝突しなければなりません。ここで、水の分子が動く速さは

およそ 150m（＝ 1.5 × 10⁴cm）/ 秒くらいだということがわかっているので、ひとつの分子が隣の分子と衝突するまでの時間、いいかえれば、一回の衝突から次の衝突までの時間は、

$$\frac{3 \times 10^{-8}}{1.5 \times 10^4} = 2 \times 10^{-12} \quad (秒)$$

つまり、砂糖、ミルクなどの分子がカップの中で 3cm だけひろがる時間は、

$$(2 \times 10^{-12}) \times 10^{16} = 2 \times 10^4 \quad (秒)$$
$$= 5 時間 33 分 20 秒$$

になります。これではコーヒーがさめてしまいます。熱々のコーヒーにはスプーンが必要なのです。

　☆　A の 3 乗根 x とは、$x \times x \times x = A$ になるような数のことで、$\sqrt[3]{A}$ と書きます。ここでは、$3 \times 3 \times 3 = 27$ ですから $\sqrt[3]{30} \fallingdotseq 3$ として計算しています。

土曜日

土 曜 日 の ま と め

　私たちは、日常生活の中で、「でたらめ」という言葉を使いますが、ほんとうの「でたらめ」は、おそらく自然界の中にしかない現象かもしれません。そこで、たとえば、西から東に向かっている直線の原点を0として、コイン投げをして、表がでたら東へ"＋1"、裏がでたら西へ"－1"というように、まったく「でたらめ」に1歩ずつN歩、歩いた場合、原点からどれくらい離れたところにいるかについて考えてみましょう。ただし歩幅は1だとします。

　この場合、原点0から東にずれるのか、西にずれるのかは問題にしないことにして、原点からの距離だけに着目することにします。つまり、距離の二乗を予測することにしましょう。二乗にしておけば、どちら方向に動いたとしても、出発点から離れたその距離は正の値になるからです。その距離をDであらわすことにして、第1歩目をD_1、2歩目をD_2、一般的に、N歩目をD_Nと書くことにします。

　第1歩目は、東向きか西向きかはわかりませんが、どちらかに1だけずれています。そこで、平均値を〈　〉で示せば、

第6章　でたらめの数学

$$\langle D_1 \rangle^2 = 1$$

N歩目の位置をD_Nとすれば、それは、1歩前の$N-1$歩目の位置、D_{N-1}から求められるでしょう。

　つまり、

$$D_N = D_{N-1} + 1 \quad \text{あるいは} \quad D_{N-1} - 1$$

のいずれかです。それぞれ2乗すると、

$$D_N{}^2 = D_{N-1}{}^2 + 2D_{N-1} + 1 \qquad \cdots\cdots\text{①}$$

　あるいは、

$$D_N{}^2 = D_{N-1}{}^2 - 2D_{N-1} + 1 \qquad \cdots\cdots\text{②}$$

そこで、これらを何度もくりかえせば、どちらの方向にも優位性はないのですから、①、②の両方が、均等に起り、第2項は平均されて消えてしまいます。

$$\langle D_N{}^2 \rangle = \langle D_{N-1}{}^2 \rangle + 1$$

ここで、$N = 1$とおけば、$\langle D_1{}^2 \rangle = 1$ですから、

$$\langle D_N{}^2 \rangle = N$$

したがって、原点0から離れると期待できる距離は、

$$D_N = \sqrt{N}$$

土曜日

がえられます。歩幅を1とすれば、100歩で、平均10、10000歩で100ほど原点からみて、東あるいは西の方に離れているということになります。

第 7 章

有限の中の無限・
無限の中の有限
──日曜日

りょうけん座・渦巻き銀河M51、2510万光年
（アトリエ天文台撮影）

7-1 ゆらぎとフラクタル

　実は、自然界の現象や、人間が作り上げてきた文明を調べてみると、独特の変動をしていることがわかっています。ある平均的な中心値のまわりで、なにかしらゆらゆらしているのです。これを「ゆらぎ」といいます。たとえば、自然風の風速の変化や、星のきらめき、心地よいせせらぎの音などから、気持ちが落ち着いているときの心臓の鼓動の周期や、動物の神経軸索を伝わる感覚の電気信号、さらには、美しい音楽の演奏や、彫刻や美術作品、建築のデザインなどに至るまで、似たような「ゆらぎ」が見られることがわかっています。その特徴は、「でたらめ」であるかのようにみえても、ある程度、予測できる割合と、まったく予測できない割合が、ちょうど半分ずつ含まれているような「ゆらぎ」で、「$1/f$ ゆらぎ」などと呼ばれています。ここで、f は振動数（frequency）からとられたものです。この「$1/f$ ゆらぎ」の特徴は、小さな幅の変動は、ひんぱんに起こりますが、大きな変化は、たまにしか起こらないことです。自然風を例にとれば、こまかい風速の変動は、ひんぱんに起こっていますが、大きな風速の変動は、たまにしか起こりません。

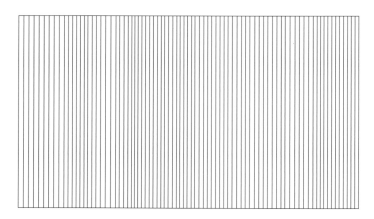

図1 心臓の鼓動の「ゆらぎ」からつくられた縦縞模様。木目のパターンを思わせる。(武者利光氏提供)

　図1は、気分がおちついているときの心拍の間隔を縦縞模様のように描いたものですが、どこか、樹木の年輪、つまり木目のようにみえるでしょう。これは、心拍の変動も、地球の温度変動も、とても似た様相を示していることを物語っています。考えてみれば、たかだか1〜2分にもみたない人間の心拍変動と、数百年に及ぶ地球気温の変動のパターンが似ているというのは、とても驚くべきことです。

　この「1/fゆらぎ」の特徴は、全体の中に部分が、また、部分の中に全体が反映されているところにあります。これを数学では、「フラクタル」といっています。アメリカの数学者、B. マンデルブロ（Mandelbrot, 1924-2010）が名づけたもので、ラテン語の fractus（断片、部分という意味）からつく

られた言葉です。これは、日本の箱根のモザイク工芸が起源だとも言われているロシアの民族人形、マトリョーシカに見られる「入れ子構造」のようなもので、樹木の形の中にも見られます。大きな枝の中に中くらいの枝があり、さらに、その枝の途中には、小さな枝があって、その先についている葉っぱの葉脈にも枝分かれ構造があります。いずれも、Y字形の連鎖で、これもフラクタルです。

　それでは、ここで、「フラクタル」構造の典型として有名な「コッホ曲線」を紹介しておきましょう。

　まず、長さ1の線分を3等分して、その真ん中の部分を切り取り、その部分に、それと同じ長さの2本の線分で正三角形の2つの斜辺をつくるという「手つづき」を、図2の（a）（b）（c）（d）のようにくりかえすことによってつくられる図形です。

日曜日

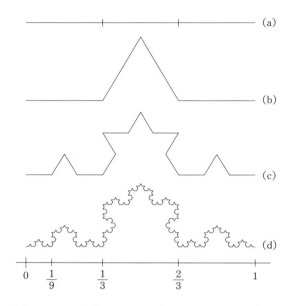

図2 コッホ曲線。すべての部分が、それと同じ相似曲線でできている

どの大きさの部分を取り出してみても、同じ形からできている「フラクタル」図形です。この図形全体の長さは、(a)の場合は1、(b)の場合は、長さ1/3の線分4本からできていますから、$\frac{1}{3} \times 4 = \frac{4}{3}$（≒1.333……）、(c) の「場合は、長さ$\frac{1}{9}$ の線分16本からできていますから $\frac{1}{9} \times 16 = \left(\frac{4}{3}\right)^2$ ≒ 1.777……になり、このような手続きを無限回、続けていけ

ば、$\dfrac{4}{3}$ を無限回、掛け合わせることになりますから、この図形の長さは無限大になります。にもかかわらず、この図形の両端の長さは 1 のままです。有限の中に無限をつめこんだような不思議な図形です。

　このように、私たちが住んでいるこの世界の奥には、「フラクタル」という性質が隠されています。だからこそ、宇宙の真理は足元に転がっているのかもしれませんし、永遠の時間も、今という一瞬の中にあるのかもしれません。そんなことも教えてくれるのが、数学だなんて、とても興味深いことですね。

　ここで、次元について、お話ししておきましょう。一般的に次元といえば、点が 0 次元、線が 1 次元、面が 2 次元、立体が 3 次元などといわれています。

　これを「フラクタル」の発想から考えてみると、新たな一面が見えてきます。たとえば、長さ 1 の図形の単位を $\dfrac{1}{2}$ にすれば、線分の場合は、もとの線分と相似な 2（= 2^1）個の線分になり、正方形の場合は、4（= 2^2）個の相似な正方形に、立方体の場合は、8（= 2^3）個の相似な立方体になります。すなわち、ある図形全体の大きさを $\dfrac{1}{a}$ に縮小したとき、a^D（= b）個の相似図形がえられるとき、この D が、図形の

次元としての意味をもつことがわかります（図3）。

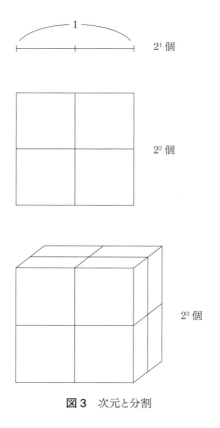

図3 次元と分割

このDのことを「相似次元」といいます。
そこで、この考えを、さきほどお話ししたコッホ曲線に

適用してみると、こうなります。「全体の大きさを $\frac{1}{3}$ にすると、4個の相似図形になる！」。つまりコッホ曲線の次元をDとすれば、

$$3^D = 4$$

このdの値を求めるには対数の知識が必要ですが、$3^1 < 3^D < 3^2$ なのでDが1と2の間にあることはわかりますね。なんとコッホ曲線は、1次元の線でもなく、2次元の面でもない不思議な図形だったのです。だからこそ両端は有限の位置に固定されていたとしても、その長さは無限大という性質を持っていたのですね。

参考までにお話ししておけば、対数を使って計算してみると、

$$D = \frac{\log 4}{\log 3} = 1.2618\cdots\cdots$$

という非整数次元であることがわかります。

日曜日

フェルマータ・その9
1／ƒ ゆらぎをつくってみよう

　数学的に厳密な「1/ƒ ゆらぎ」を求めるのは難しいのですが、それに近いものを実験でつくりだすことは可能です。用意するものは、3個のサイコロだけです。

　まず、準備として、2進法を学んでおきましょう。今、私たちが使っている計算法は、0から9まで、10ごとに区切って位があがっていく10進法です。ときには、時間や角度を測るときには、60秒を1分、60分を1時間というようにきめた60進法もあります。2進法とは、数字が0と1しかなくて、どんどん繰り上がっていく記数法です。10進法に対応する2進法の記数法は表1のようになります。

10進法	0	1	2	3	4	5
2進法	0	1	10	11	100	101

10進法	6	7	8	9	10
2進法	110	111	1000	1001	1010

表1

そこで、表2のように、2進法にしたがってステップ1か

ら 8 を決め、2 進法の桁に対応する 3 つのサイコロ A、B、
C を、前のステップの数字が違っている場合にのみ振ること
にします。

　表 2 右の表に、サイコロを振る場合を * で示してあります。そしてステップごとにサイコロの目の和を記録します。
1 個のサイコロが振られれば、1 〜 6 までの間の数値が得られ、2 個、振られれば、2 〜 12 まで、3 個の場合は 3 〜 18
の間の数値が得られます。

ステップ	A	B	C		A	B	C
1	0	0	0		*	*	*
2	0	0	1		/	/	*
3	0	1	0		/	*	*
4	0	1	1	→	/	/	*
5	1	0	0		*	*	*
6	1	0	1		/	/	*
7	1	1	0		/	*	*
8	1	1	1		/	/	*

表 2

　この表から、小さな数値の変化はひんぱんに、大きな数値
の変化はたまにしか起こらないことがわかりますから、「1/f
ゆらぎ」に近い変動がえられるのです。

日曜日

7-2 アキレスとカメのパラドックス

　直線は点の集まりで、点は、小さな砂粒のようなものだと考えると、「三平方の定理」にでてくる $\sqrt{2}$ のような無理数をあらわす長さが定義できなくなります。このような点の考え方は、古代ギリシャの哲学者、ピタゴラス（Pythagoras, BC590 頃 -BC510 頃）が標語としていた、

　「万物は数である」

　という考え方を反映したものでした。しかし、このような考え方をすると、都合の悪いことが起こることを考えていたもうひとりの哲学者がいました。"存在するものは連続一体のものである"と考えていたゼノン（Zeno of Elea, BC490?-BC430?）です。彼は、それをつぎのような逆説（パラドックス）で主張しようとしました。

足の速いアキレスが、足のおそいカメを追いかけているとします。アキレスが、最初にカメがいた場所に到達したときには、カメは、おそいながら少し先に進んでいる。さらにアキレスが、その場所に着いた時には、カメはさらに先に進んでいる。つまり、カメが動きを止めない限り、アキレスは永遠にカメには追いつけない（図4）。

192

第7章　有限の中の無限・無限の中の有限

図 4

　これは、場所がひとつの点によって与えられるならば、その点の中には、無限個のさらに小さな点が含まれていると考えることによって起こる間違いだというのです。そうすると、物体が動いているという状態も、静止している瞬間の重なりだということになりますから、物体の運動も否定されてしまいます。有名な逆説、

　「飛んでいる矢は静止している」

ということになります（図5）。

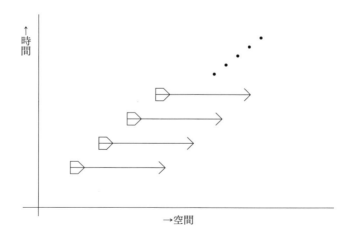

図 5

193

ここで、ゼノンの逆説に戻りましょう。話をわかりやすくするために、アキレスは、毎秒10メートルの速さで、カメは毎秒1メートルの速さで走っているとします。そして出発点は、アキレスがカメの9メートル後だとします。アキレスが、カメが最初にいた場所につくには、0.9秒かかります。そのとき、カメは0.9メートル進んでいます。その位置にアキレスが着くまでの時間は0.09秒です。これをくりかえして、

　　0.9 ＋ 0.09 ＋ 0.009 ＋……（秒）

後には、アキレスは限りなくカメに近づいていくでしょう。これを永遠にくりかえしていけば、上の値は、限りなく1に近づきますから、結局、アキレスは1秒後にはカメに追いつくことになります（図6）。

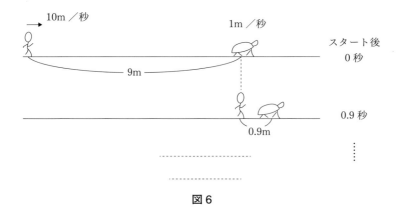

図6

これを方程式でといてみましょう。追いつくまでの時間をx秒とします。その時間をかけてアキレスが走る距離は、出発点から$10x$メートル、カメはxメートルです。そのときのカメの位置は、アキレスの出発点からはかれば、

$9 + x$

です。そこで、追いついたとすれば、

$10x = 9 + x$

ここから$x = 1$、すなわち1秒後には追いつくということになります。"いつまでも追いつけない"という主張は、追いつく瞬間の、

0.1秒前には、カメとの距離は0.9メートルで追いついていない。

0.01秒前には、カメとの距離は9センチメートルで追いついていない。
　　　　　…………

ということをいっているのであって、追いつけない、ということではないのです。この議論のもうひとつの盲点は、アキレスもカメも動き続けているにもかかわらず、"カメがいた場所に到着したときには"といって、その運動を止めてしまっていることです。つまり、ある速さで動いている、とい

うことは、動く距離を、かかった時間（所要時間）で割った値をもつことであって、そこには、空間と時間が同時に入り込んでいたのです。このパラドックスは、その点を無視することによって生じたものです。

　私たち人間を含めて、すべての生物には「死」があります。そのなかでも「自分が死ぬことを知っている」のは人間だけだと言われています。しかし、死んだ人が、死んだ自分を見ることができないことは明らかでしょう。その一方で、死の直前まで、私たちは「まだ死んでいない」と感じることができます。つまり、自分という一人称の人間の立場からいえば、「人は永遠に死なない」ということになりそうですね。他者の死を見ることはできても、自分の死を見ることはできません。人間にとって、自分の死は、永遠の彼方にある永遠の神秘なのです。「死ぬまで生き続ける」ことは「永遠に死なない」ということだったのです。これこそ、古代ギリシャの哲学者、ゼノンが、私たちに残してくれた人生のすばらしい逆説（パラドックス）だといってもいいのではないでしょうか。

7-3 有限と無限のはざまで

　図7のように、無限に伸びた直線と、それに接する円を考えましょう。接点と円の中心を通る線が円と交わる点をOとします。また、直線上の点Pと点Oを結ぶ線分を引き、円とその線分の交点をP′とします。このようにすると、直線上の点Pと円周上の点P′とが1対1に対応します。点Pが直線上を動くと、それにしたがって、点P′も円周上を動きます。点Pが遠ざかれば、点P′はしだいに点Oに近づいていきます。しかし、Oには到達できません。つまり、点Oは、直線が無限に伸びていることを反映した無限点だということになります。

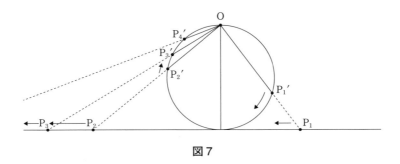

図7

円からOを取り除いた円周が、無限に伸びた直線をあらわ

しているわけです。このように、数学という学問は、いつも無限と向き合っていて、無限をどう有限にとじこめるかを研究する学問だといってもいいすぎにはならないでしょう。さきほどお話しした「コッホ曲線」も同じです。

これは、現代の宇宙論で、私たちが、今から138億年の遠い昔、限りなく熱くまばゆい小さな一粒の光から爆発するかのようにして生まれたといういわゆるビッグバン理論を、直感的にとらえるためのおけいこにもなる数学的感覚です。あるいは、現代物理学の基礎となっている相対性理論では、光の速度を超えることはできないとしますが、それは、光速に近づくにしたがって、質量が大きくなっていくこと、また、時間の流れ方がおそくなっていくことにも対応しますが、この数学の世界観も、それに似たことだといってもいいでしょう。

ところで、いつ、あしたになるのでしょうか。

今日のはじまりは、午前0時0分0秒でした。では今日の終わりはいつでしょうか。23時59分59秒だといえば、あと1秒残っていますし、23時59分59.99999秒だといってみても、あと0.00001秒残っています。いったいいつになったら、23時59分60秒にかぎりなく近づくのでしょうか。

この問題は、0.9999……と1.00000……の間にどれほどの

第7章 有限の中の無限・無限の中の有限

隙間があるのかという問題に置き換えることができます。厳密な証明はさておき、こう考えてみたらどうでしょう。図8のように長さ1の線分（直線の一部を切り取ったもの）を9等分します。その等分点は、$\frac{1}{9}$、$\frac{2}{9}$、$\frac{3}{9}$、……$\frac{7}{9}$、$\frac{8}{9}$、$\frac{9}{9}$（= 1）、になりますが、この分数を小数になおせば、0.111……、0.222……、0.333……、0.777……、0.888…になり、一番、端の$\frac{9}{9}$、すなわち1に対応する点は、0.999……になることが予想されます。

図8

つまり、0.999……＝ 1.000……であると考えてもよさそうですね。

どうやら、あしたは、いつのまにか、やってくるもののようです。そういえば、深夜24時すぎまで仕事をしても終わらないときに、"「あした」にしよう"などといってひとまず切り上げることなどありますよね。"あした"の不思議です。

日曜日

　このことを、もう少し考えてみましょう。

　1 を 3 でわると、0.3333……になりますが、これを再び 3 倍すると 0.9999……になって 1 にはなりません。

$$(1 \div 3) \times 3 = 0.3333\cdots\cdots \times 3 = 0.9999\cdots\cdots$$

　これは、何を意味しているのでしょうか。どこまでも 9 が続いているという「状態」をいうのか、それとも、無限個の 9 が続いている場合の結果なのか、どちらなのでしょうか。この場合、ほんとうに 1 と 0.9999……を「＝」でむすんでもいいのでしょうか。一般的には、このように、「有限」をかぎりなく「無限」にまで広げていった先にある状態を「仮無限」といいます。ある意味では"動いている"動的な「無限」です。そこで、0.9999……を、

$$0.9999\cdots\cdots = 0.9 + 0.09 + 0.009 + \cdots\cdots$$

のように、足し算を無限に続けた結果、静かな結果として、いつのまにか 1 に到達していると考えるのです。このことを確かめるために、$x = 0.9999\cdots\cdots$ とおいて、それを 10 倍した $10x$ から x を引いてみましょう。

第7章　有限の中の無限・無限の中の有限

$$10x = 9.9999\cdots$$
$$-)\quad x = 0.9999\cdots$$
$$9x = 9$$
$$\therefore\ x = 1$$

つまり、0.9999……＝ 1 だったのです。

　ところで、目の前にある 1 本の線分の上には「無限個」の点が含まれている、という場合には、はじめから、その線分の上には、それだけの点がなければならないのですから、そこにある無限は、静かで動くことのない理想の結果であって「真無限」といっています。ここで、線分の上に無限個の点が含まれるということは、「すべての線分は、同じ数の点を含む」ことからもわかりますね。短い線分も無限に長い線分も同じ個数の点を含むということは、直線の上には無限個の点が存在することを示しています（図9）。

日曜日

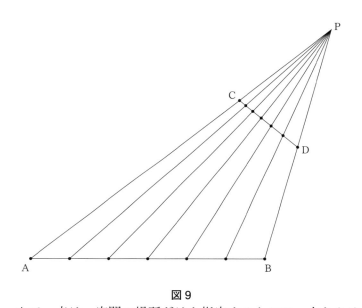

図9

　さて、点は、空間の場所だけを指定するもので、大きさはありません。したがって、大きさがない点のとなりに点が並ぶこともありません。もし、点に大きさがあったとしたら、m 個の点からなる線分 ℓ と n 個の点からなる線分 m の長さの比は、$\dfrac{m}{n}$ で表されますが、これは有理数であって、この直線上には $\sqrt{2}$ のような無理数は存在しないことになってしまいます。点と直線の不思議です。直線とは、点が集まったものでなないのです。これを時間におきかえてみると、「瞬間」という時間があるのかないのか、不思議に思えてきますね。

フェルマータ・その 10
こまかく分けて、再び集める

　直線をこまかくきっていって、あとからそれを集めることで、複雑な問題がきれいに解ける場合があります。それが微分積分学です。1つの例として、底辺が1、高さが1の直角三角形 AOB の面積について考えてみましょう。まず、x-y 座標の上にグラフとしてこの三角形を描いてみましょう（図10、図11）。

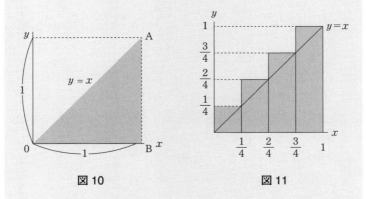

図 10　　　　　　　　　**図 11**

この三角形の斜辺を表す直線は $y = x$ です。つまり、x の値と y の値は同じです。つぎに、三角形を図11のように4等

分して、細長い長方形の面積を計算してみます。面積は、

$$\frac{1}{4} \times \frac{1}{4} + \frac{1}{4} \times \frac{2}{4} + \frac{1}{4} \times \frac{3}{4} + \frac{1}{4} \times \frac{4}{4}$$

$$= \left(\frac{1}{4}\right)^2 \times (1+2+3+4)$$

$$= \frac{10}{16}$$

$$= 0.625$$

です。それでは、三角形の底辺を10等分して10個の細長い長方形の面積を集めてみると、

$$\frac{1}{10} \times \frac{1}{10} + \frac{1}{10} \times \frac{2}{10} + \frac{1}{10} \times \frac{3}{10} + \cdots\cdots \frac{1}{10} \times \frac{10}{10}$$

$$= \left(\frac{1}{10}\right)^2 \times (1+2+3+\cdots+8+9+\overset{\star}{10})$$

$$= \frac{55}{100}$$

$$= 0.55$$

となって、三角形の底辺を細かくわけて、無限個の長方形にまでわければ、この三角形の面積が正確に0.5であることが計算できるのです。この計算法を「区分求積法」といって、微分積分学の基礎になる考え方です。こまかく分けていけばいくほど、0.5に近づいていくことがわかります。

☆ $S = 1 + 2 + 3 + \cdots\cdots + (n-1) + n$ の求め方。

$$S = 1 + 2 + 3 + \cdots\cdots (n-1) + n$$

と、それを反対に並べたもの、

$$S = n + (n-1) + \cdots\cdots + 2 + 1$$

を加えると

$$2S = n \times (n+1) \quad \therefore S = \frac{n(n+1)}{2}$$

$n = 10$ の場合は、

$$S = \frac{10 \times (10+1)}{2} = \frac{1}{2} \times 10 \times 11$$
$$= 55$$

参考までに、三角形の長さ 1 の底辺を n 等分して、n を無限大にしたときに正確な面積 S が得られることを示しておきましょう。n 等分したときの面積を S_n とすれば、

$$S_n = \frac{1}{n} \times \frac{1}{n} + \frac{1}{n} \times \frac{2}{n}$$
$$\cdots\cdots + \frac{1}{n} \times \frac{n}{n}$$
$$= \left(\frac{1}{n}\right)^2 \times (1 + 2 + 3 + \cdots + n)$$
$$= \left(\frac{1}{n}\right)^2 \times \frac{n(n+1)}{2}$$
$$= \frac{1}{n^2} \times \frac{n(n+1)}{2}$$
$$= \frac{n^2 + n}{2n^2}$$
$$= \frac{n^2}{2n^2} + \frac{n}{2n^2}$$

日曜日

$$= \frac{1}{2} + \frac{1}{2n}$$

ここで、n をどんどん大きくしていけば、$\dfrac{1}{2n}$ はどんどん小さくなり 0 に近づきますから、

$S = S_n(n \to \infty) = \dfrac{1}{2}$ になります。

この関係を lim（リミット）という記号であらわし、

$$S = \lim_{n \to \infty} S_n$$

のように書くこともあります。

1週間の授業をふりかえって

自由という数学の世界

　私たちは、「数える」ということから、1、2、3、……という自然数を学びました。そして金魚すくいの例から、網がやぶれてすくえなかった場合を0匹すくった、と考えることによって、すくえなかった金魚の数を、すくった金魚の数の中にくりいれることが可能になり、すっきりと全体が見通せるようになりました。

　0の発見です。それは、位取りの桁を考えることで、10進法の考案につながりました。

　また、整数には偶数と奇数がありますが、偶数とは、2でわりきれる数で、2、4、6、……ですから、一般に、m を整数とすれば、$2m$ と書くことができます。この m に1、2、3、……といれていけば、2、4、6、……がでてきます。次に奇数は、偶数に1を足したものですから、n を整数とすれば、$2n + 1$ と書くことができます。n に1、2、3、……をいれれば、3、5、7、……がえられます。

　では、偶数に奇数をたすとどうなるのでしょうか。奇数に

207

なりそうな気もします。それを確かめるには、

$$2m + (2n + 1) = (2m + 2n) + 1$$
$$= 2(m + n) + 1$$

のように考えれば、偶数に奇数をたすと、やはり、奇数になることが証明されました。

　さらに、数を足したり、引いたりすることを、すべて足し算で処理できるように、負（マイナス）の数が発明されました。整数の発見です。そうすることによって、たとえば、収入が1000円に対して、支出が300円だった場合、それを－300円と考えることで、全体の所持金の増減が見えやすくなりました。さらに、正と負との間の掛け算、割り算に、たとえば、（＋）×（－）は（－）、（＋）×（＋）は（＋）、（－）×（－）は（＋）であるとする規則をつくることによって、上下方向や左右方向、増減など、物事の方向性を含めた答えがえられるようになりました。

　つぎに、1個のケーキを3人で同じように分けたときの1人分をxとすれば、

$$3x = 1$$

になりますが、これは、整数だけを知っている人には、解け

ません。ここから、

$$x = \frac{1}{3}$$

という分数が考えられることになります。しかも、これは、少数に書き換えれば、0.3333……のようにどこまでいっても終わらない数であることがわかり、無限とは何か、を考えるようになりました。さらには、どのような小数であっても、分数の形にすることができることの発見もありました。

しかし、これらの数の中には、どうしても分数の形にはできないものもあることがわかってきました。たとえば、円周率の π とか、「三平方の定理」にでてきた $\sqrt{2}$ のような数です。それを無理数と呼び、それらの全体を実数と呼ぶことになりました。

ところで、これらの数は、正負にかかわらず、二乗すれば必ず正になります。正になる、というより、正になるように体系づけられたといったほうがいいでしょう。ところが、二次方程式を解いてみると、二乗すると負、マイナスになる数がでてくる場合があることがわかってきました。たとえば、$x^2 + 1 = 0$ という方程式です。そこから生まれたのが虚数 i です。

$$i^2 = -1$$

$$i = \sqrt{-1}$$

ですね。さらに、この虚数と実数を組み合わせることによって、方向をもった量を表せることもわかってきました。たとえば、

$$Z = 2 + 3i$$

というような数です。「複素数」です。そこで、横軸に実数、縦軸に虚数をもつような直交座標系を書いてみると、虚数 i は、空間の回転ということにも対応する不思議な性質があることもわかってきました。その結果、複雑な運動を簡単に表現することができるようになりました。

　このように、数学は、論理さえ整っていれば、自由自在に発展させることができて、その内容が、日常の感覚から遠いものになっていたとしても、数学の世界の中では、正しい思考や計算をすすめることができて、その結果を、再び、日常の世界にもどすことによって、現実の問題について正しい答えをだしてくれることが可能になります。数学の妙味は、まさにそこにあるといっていいでしょう。

おわりに

　この本は、中学校で学ぶ数学の範囲を守りながら、数学の魅力について語ってみた数学散歩でしたが、いかがだったでしょうか。途中、少しばかり速足になって、中学校の範囲を少しばかり超えてしまったところもあったかもしれませんが、数学の庭園は、いつもそこにあります。散歩は、同じ道を歩いていても、毎回、違った発見があります。ですから、何度でもいいのです。気が向いたときに、ご自分のテンポで好きなように歩いてみてください。今から3000年近く昔に芽生えた数学ですから、その世界は広大で、とても、すべての分野を見通すことは不可能ですが、その中で、いちばん基礎となる部分が、中学校で学ぶ数学です。といっても、それは3年間かけて学ぶくらいの内容をふくんでいます。この本は、それらの内容を、さらにぎゅっと凝縮して、一週間の旅にしたものです。ですから、中学校で学ぶすべての数学を網羅した教科書ではありませんし、そのために本来の数学書のような厳密さには欠けるところもありますが、少なくとも中学数学を基盤にして、私たちをとりまく宇宙の不思議や、私たちが生きていく上で、大切な心構えの一端などを感じていただければ、という思いもこめて書いたものです。この本を手にとってくださったみなさんが、ほんの少しでも目には見えな

おわりに

い数学の美しい響きに気づいていただけたら、こんなにうれしいことはありません。

　　──数学は論理の音楽であり、
　　　　　音楽は情緒の数学である──

新しい「令和」の年に、
ラベンダーとマーガレットが咲き誇る北国のアトリエにて

佐 治 晴 夫

さらに学びたい人のための参考書

中学校数学全般については

芹沢光雄『生き抜くための中学数学』日本図書センター、2016。

高橋一雄『語りかける中学数学』ベレ出版、2012。

吉田武『虚数の情緒──中学生からの全方位独学法』

日刊工業新聞社、2000。

数学全体についてしっかり眺めるには

松坂和夫『数学読本』1-6 巻、岩波書店、1990。

志賀浩二『数学が生まれる物語』第 1-6 週、岩波書店、1992。

本書の中にでてくる物理学などの話題の詳細については

佐治晴夫『14 歳のための物理学』春秋社、2011。

佐治晴夫『14 歳のための時間論』春秋社、2012。

佐治晴夫『14 歳のための宇宙授業』春秋社、2016。

ハンブルク・スタインウェイ597086とともに
(撮影:佐藤アキラ)

著者紹介

佐治晴夫
（さじ・はるお）

1935年東京生まれ。理学博士（理論物理学）。東京大学物性研究所、
松下電器東京研究所を経て、玉川大学、県立宮城大学教授、
鈴鹿短期大学学長などを歴任。現在、同大学名誉学長、
大阪音楽大学客員教授、北海道・丘のまち美宙（MISORA）天文台台長。
無からの宇宙創生にかかわる「ゆらぎ」の理論研究で知られるが、
現在は、宇宙研究の成果を平和教育へのひとつの架け橋と位置づけ、
リベラルアーツ教育の実践にとりくんでいる。日本文藝家協会所属。
最近の著書に『量子は不確定性原理のゆりかごで宇宙の夢を見る』（トランスヴュー、2015）、
『ぼくたちは今日も宇宙を旅してる──佐治博士の心の時間』（PHP研究所、2016）、
『14歳のための宇宙授業──相対論と宇宙論のはなし』（春秋社、2016）、
『それでも宇宙は美しい！──科学の心が星の詩にであうとき』（春秋社、2017）、
『詩人のための宇宙授業──金子みすゞの詩をめぐる夜想的逍遥』（JULA出版、2018）、
『新世紀版 星へのプレリュード』（一藝社、2019）、
『宇宙のカケラ──物理学者・般若心経を語る』（毎日新聞出版、2019）
など多数。

14歳からの数学
佐治博士と数のふしぎの1週間

2019年8月31日　初版第1刷発行
2021年7月15日　初版第3刷発行

著者
佐治晴夫

発行者
神田　明

発行所
株式会社 春秋社
〒101-0021 東京都千代田区外神田 2-18-6
Tel　03-3255-9611（営業）
　　　03-3255-9614（編集）
振替 00180-6-24861
https://www.shunjusha.co.jp/

装丁者
河村　誠

印刷製本
萩原印刷株式会社

© Haruo Saji 2019 Printed in Japan
定価はカバーに表示してあります。
ISBN 978-4-393-36065-1 C0010

佐治晴夫の本

からだは星からできている

バッハを自ら弾きながら、宇宙誕生の瞬間に耳をすます……。親しみやすく、奥深い言葉で、科学・音楽・宗教の枠組みと新たな可能性を常に見つめ、発信してきた著者の集大成。1800円

女性を宇宙は最初につくった

月を含む宇宙論と生命研究の最新事情を踏まえながら、「時間」の意味や、「男・女」の性差のほんとうの役割、そして「音楽」の価値について、やさしい語り口で問いかける。　1800円

14歳のための物理学

数学、数式、物理学がまったく苦手な人でも、著者のやさしい語り口と導きによって自然と計算する意味と楽しみが理解でき、人間と宇宙の根底にある基礎的概念を獲得できる本。　1700円

14歳のための時間論

『14歳のための物理学』の姉妹編。科学的発想を基に、著者ならではのやさしく温かい文体で、あらゆる角度から解明。「生きている今この時」の意味を再確認する感動の一冊。　1700円

14歳のための宇宙授業
相対論と量子論のはなし

自然の美、神話や伝説の謎、先人のひらめきなど多彩な話題をちりばめながら、このすばらしい世界を記述する先端の科学理論＝相対性理論と量子論を楽しくわかりやすく語る。　1800円

それでも宇宙は美しい！
科学の心が星の詩にであうとき

この地球にあるものはみな星のかけら、星の子ども。われわれを圧倒する天体や量子のふしぎと文学や音楽が交差する、センス・オブ・ワンダーに満ちた魅惑の科学エッセイ。　1800円

◇価格は税別